U0323779

农田优先控制

有毒有害污染物筛选技术

◎ 林军　于洋　郑玉婷　著

中国农业科学技术出版社

图书在版编目（CIP）数据

农田优先控制有毒有害污染物筛选技术 / 林军，于洋，郑玉婷著 . — 北京：中国农业科学技术出版社，2020.12
ISBN 978–7–5116–5100–6

Ⅰ . ①农… Ⅱ . ①林… ②于… ③郑… Ⅲ . ①农田污染—污染防治 Ⅳ . ① X535

中国版本图书馆 CIP 数据核字（2020）第 247445 号

责任编辑	王惟萍
责任校对	贾海霞

出 版 者	中国农业科学技术出版社
	北京市中关村南大街 12 号　邮编：100081
电　　话	（010）82106625（编辑室）　（010）82109702（发行部）
	（010）82109709（读者服务部）
传　　真	（010）82106625
网　　址	http://www.castp.cn
经 销 者	各地新华书店
印 刷 者	北京建宏印刷有限公司
开　　本	850mm×1 168mm　1/32
印　　张	3.375
字　　数	76 千字
版　　次	2020 年 12 月第 1 版　2020 年 12 月第 1 次印刷
定　　价	28.00 元

前　言

当前，我国农业已超过工业，成为最大的面源污染产业。据 2014 年 4 月 17 日环境保护部同国土资源部发布的首次全国土壤污染状况调查公报，全国土壤环境状况总体不容乐观，部分地区土壤污染较重，耕地土壤环境质量堪忧，耕地土壤点位超标率为 19.4%，农业生产排放的污染物已经远超过工业和生活源，成为污染源之首。

我国长期以来为保证粮食产量，向农田中投入了大量的生产资料，如为防治农作物病虫害发生而投入的农药；为保温保墒、确保作物增产而铺设的地膜及长期应用在农业生产中的禽畜粪便等。化学农药、地膜中的酞酸酯、禽畜粪便中的抗生素和激素等有毒有害化学物质，在降水或灌溉过程中，可能通过农田地表径流、农田排水和土壤淋溶等途径进入水体，导致水体中富集了大量的有毒有害污染物，对水中生物造成严重影响。

风险管理是国际上有毒有害化学物质管理的核心手段，而风险评估是风险管理的关键技术。风险管理的目的是通过化学物质的危害属性、环境行为参数和暴露参数，识别和筛选出对生态环境和人体健康存在或可能存在风险的有毒有害化学物质，建立优先控制目录并加以管控。发达国家开展了大量有毒有害化学物质风险评估研究，并应用于各国风险管理当中。因历史原因，我国尚未对农田有毒有害化学物质进行系统全面的风险评估，从源头上减少其对环境和人体健康产生负面作用的技术手段相对缺失。

在总结凝练"十三五"国家重点研发计划"农田有毒有害化学污染源头防控技术研究（2017YFD0800700）"成果的基础上，本书汇总了农田有毒有害污染物的来源和危害，国内外管控情况和筛选方法。同时，笔者以我国农田中有毒有害污染物为研究对象，以持久性、生物蓄积性、生态毒性、致癌性、致突变性、生殖毒性等为危害筛查指标，以有毒有害污染物登记数量、生产量、使用量、排放量等信息，结合污染物特征、种植区域、种植模式等情况确定暴露指标。通过文献调研法、采样分析法、数据库检索法、名录比对法、模型预测法等方法，构建了农田优先控制有毒有害污染物筛选技术，最终筛出农田优先控制有毒有害污染物名录。

本书共有5章，林军负责全书的审核，郑玉婷、张杨负责编写第1章内容，张丽丽、牛文凤负责编写第2章内容，于洋、张丽丽负责编写第3章内容，于洋、郑玉婷负责编写第4章内容，于洋负责编写第5章内容。感谢农业农村部农药检定所姜辉老师和张楠老师在本书编写过程中给予的无私帮助和有益讨论。全书由于洋统稿完成。

本书在编写过程中力求突出重点、语言简练、层次清楚，使读者能够对农田有毒有害污染物筛选方法有初步了解，以期为我国农药登记管理、化学品管理和环境管理提供参考和借鉴。

由于时间仓促，加之笔者能力有限，书中难免存在疏漏和不妥之处，恳请广大读者批评指正。

于洋

2020年8月

目　录

1

农田中有毒有害污染物的来源

我国人口众多、耕地面积少，为保证粮食生产，长期以来投入了大量的生产资料。由于在农田中农药、农膜和禽畜粪便的大量不合理使用及利用污水灌溉等方式，导致我国农田中富集了大量的有毒有害污染物，产生了严重的污染。目前我国农田有毒有害污染物主要包括农药、酞酸酯、禽畜抗生素和禽畜激素 4 大类物质。

1.1 农药类有毒有害污染物

农药的不合理使用是造成农业面源污染的原因之一。我国农药的使用量居世界首位，单位面积化学农药的平均用量比世界平均用量高 2.5~5 倍。同时，农民在使用农药时存在不规范的施药行为，例如在农药使用过程中，一旦发现某种农药效果好，就长期使用，即使发现该药对病虫害的防治效果下降，也不更换品种，而是加大用药剂量，导致农药有效使用率降低，仅为 20%，约 80% 的农药施用后会直接进入环境，并在农田、河流等介质间迁移、转化和扩散，对农田及周围环境造成严重污染。

1.2 酞酸酯类有毒有害污染物

农用地膜中游离出的酞酸酯导致的面源污染日趋严重。农用地膜覆盖是一种既能防止水土流失，又能提高作物产量的常用措施。2014 年，全国农用地膜使用量已超过 258 万吨。由于农膜人工回收难度大、自然降解时间长，高达 42% 的农膜残留于耕地中。农膜在生产过程中需添加 40%~60% 的酞酸酯类物质作为增塑剂，而在高温和光照的条件下，酞酸酯类物质很容易从农膜游离出来进入农田土壤，影响作物正常的生长发育，导致作物减产，破坏农田土壤的通透度，对耕地形成持久性的面源污染。

1.3 禽畜抗生素和激素类有毒有害污染物

禽畜粪便中的抗生素和激素也是导致农业面源污染的重要来源。禽畜粪便中含有大量的有机质，对作物生长有很好的促进作用，经常作为有机肥料施用于农作物种植中。据统计，我国每年约产生 38 亿吨禽畜粪便，综合利用率约 60%。在我国，由于禽畜养殖密度大、禽畜疫病复杂多样等多种原因，普遍存在抗生素、激素过量使用甚至滥用等问题。残留在禽畜粪便中的抗生素和激素等有毒有害污染物会随着农业生产进入土壤环境。由于这类污染物性质稳定，在环境中难降解，容易在农田中不断积累而超标，从而造成面源污染。

2

农田中有毒有害污染物主要危害

农田中的有毒有害污染物可能会对生态环境或通过生态环境对人体健康造成危害。

2.1 生态环境危害

在生态环境方面，部分有毒有害污染物长期残留在土壤和水体中，可能对土壤结构、土壤微生物和水生生物造成影响。有研究表明，酰胺类和三嗪类等农药有毒有害污染物在黄淮海流域和松辽流域水体中检出浓度较高，造成水体富营养化，最终导致鱼类大量死亡；地膜中的酞酸酯类污染物可以游离到土壤中，大部分将被土壤颗粒吸附，导致土壤板结，甚至会影响农作物对营养的吸收；作为有机肥使用的禽畜粪便中含有大量抗生素或激素，随着农事操作进入土壤和水体中，可能造成土壤、地表水乃至饮用水的污染。部分有毒有害污染物还会随着食物链的传递在不同生物体内富集，进而对整个生态系统的结构和功能带来不良影响。

2.2 人体健康危害

在人体健康方面，部分有毒有害污染物可能对人体健康带来长期不良影响。如邻苯二甲酸酯、百菌清、戊唑醇和丙环唑等污染物具有内分泌干扰特性，异菌脲、吡蚜酮和炔螨特等污染物属于人类可能致癌物，邻苯二甲酸二(2-乙基己基)酯、氟硅唑、精吡氟禾草灵、丙炔噁草酮和溴苯腈等污染物可能具有生殖毒性。禽畜粪便中的抗生素和激素通过食物链进入人体也会对人体健康造成危害，如动物抗生素氟苯尼考具有一定的免疫毒性和胚胎毒性，大量蓄积在人体内甚至对人体血液系统产生影响。

3

国内外农田有毒有害污染物管控情况

3.1 发达国家农田有毒有害污染物管控情况

3.1.1 日本

日本对农用地的土壤环境保护法律法规的制定起因于富山县发现的公害病——重金属镉污染所致的"痛痛病"的出现。早在 1962 年，日本制定了《有关农用地土壤污染防治等的法律》（法律第 139 号）（2005 年 6 月修订），并根据此法将镉、铜、砷 3 种物质指定为特定有害物质，1971 年，日本制定了《农田土壤污染防治相关法律的实施令》（2010 年 6 月修订），1974 年开始根据土壤污染防治法开展污染土壤的修复工作。1991 年，日本环境省制定了《土壤污染环境基准》（2010 年修订），并建立了镉、硒、四氯化碳、三氯乙烯、禾草丹、甲基对硫磷、氟、硼等 29 种（类）污染物测定标准。日本建立了相对完善的技术标准和法律法规体系，为防治和治理土壤污染提供技术和法律依据。目前，日本还没有制定农田优先控制有毒有害污染物名录，但《有毒有害大气污染物名录》《化学物质审查及制造管理法》《有毒有害化学物质控制法》确定的化学物质名单中均有农药类有毒有害污染物。

3.1.2　美国

美国关于土壤污染防治方面的认识较早，从 20 世纪 30 年代震惊世界的"黑风暴"①开始，对土壤进行立法保护。经过几十年的立法和实践，现在已经形成一整套土壤污染防治的体系。早在 1935 年 4 月，美国就通过了《土壤保护法》。此外，美国的《清洁水法》《安全饮用水法》《有毒物质控制法》等法规也涉及土壤保护，从而形成了较为完备的土壤保护和污染土壤的治理法规体系。为满足对场地环境评价和场地环境修复的特殊要求，美国还制定了很多技术规范和指南，如 EPA 的超级基金计划发布的基于人体健康的住宅土壤筛选导则（SSL）和基于生态风险的土壤筛选导则（Eco-SSL），SSL 提出了砷、铬、硫丹、邻苯二甲酸二乙酯、三溴甲烷等 110 种化学物质在住宅土壤中人体健康浓度基准值，Eco-SSL 提出了锑、钡、铍等 17 种无机污染物和滴滴涕、狄氏剂等 4 种有机污染物的生态土壤浓度基准值。目前，美国还没有制定农田优先控制有毒有害污染物名录，但在《有毒有害大气污染物名录》《有毒有害水污染物名录》《有毒物质控制名录》《有害物质优先控制清单》中均有农药类和酞酸酯类有毒有害污染物。

---

① 1934 年 5 月 12 日，一场巨大的"黑风暴"席卷了美国东部的广阔地区。沙尘暴从南部平原刮起，形成一个东西长 2 400 千米、南北宽 1 500 千米、高 3.2 千米的巨大的移动尘土带。狂风卷着尘土，遮天蔽日，横扫中东部。尘土甚至落到了距离美国东海岸 800 千米、航行在大西洋中的船只上。风暴持续了整整 3 天，掠过美国 2/3 的国土，刮走 3 亿多吨沙土，半个美国被铺上了一层沙尘。仅芝加哥一地的积尘就达 1 200 万吨。风暴过后，清洁工为堪萨斯州道奇城的 227 户人家清扫了阁楼，从每户阁楼上扫出的尘土平均有 2 吨多。

3.1.3 德国

目前，德国涉及土壤污染防治方面的法律法规主要有1999年3月实施的《联邦土壤保护法案》《区域规划法案》和《建设条例》。《联邦土壤保护法案》提供了土壤污染清除计划和修复条例；《区域规划法案》和《建设条例》则涵盖了土地开发、限制绿色地带开发方面的法规，并制定了土壤处理细则方面的基本指南。

3.1.4 法国

法国并没有专门的土壤污染防治法，而是通过对现有的工业法、废物法、民法等法律进行完善与修改，来规范土壤污染者直接或者间接的责任，从而达到土壤污染防治的目的。

总体而言，日本、美国、德国和法国都已根据自身实际建立了有效的土壤保护政策，并且都没有制定农田优先控制有毒有害污染物名录，共同点是注重污染预防，重视污染地块的修复改良和再利用，但只有日本针对农用地土壤污染防治设立了专门法律，明确了采取必要的措施预防和修复由农田有毒有害污染物造成的污染。

3.2 中国农田有毒有害污染物管控现状

3.2.1 农田面源污染相关法律体系尚未形成

与现行环境法律中体系性较好的大气、水污染防治法律相比，中国还没有形成有效的农田面源污染综合防治体系。2018年发布了《中华人民共和国土壤污染防治法》，对农用地农药、农用薄膜、肥料及兽药使用等可能对土壤造成污染的行为作出了规定，但相关配套文件出台需要一定时间去研究和制定。现有的涉及农田污染防治的法律条文散见于《基本农田保护条例》《中华人民共和国农业法》《中华人民共和国土地管理法》等法律及《农药安全使用标准》《农用泥污中污染物控制标准》《农田灌溉水质标准》等相关标准之中，这些法律和标准主要对原则性的条款进行规定，当前不完善的法律体系远远不能满足农田有毒有害污染物面源污染防治的需要。

3.2.2　农田有毒有害污染物名录尚未建立

目前，排除我国已禁止使用的农药、禽畜抗生素、禽畜激素及优先管控的化学物质，农田中仍有 400 余种有毒有害污染物，而我国现行土壤环境质量标准中仅规定了有限的有机物的风险筛选值，远远不能满足农田有毒有害污染物面源污染防治的需要。如我国《土壤环境质量 农用地土壤污染风险管控标准（试行）》（GB 15618—2018）规定了农用地土壤中镉、汞、砷、铅、铬、铜、镍、锌 8 个基本项目及六六六、滴滴涕、苯并 [a] 芘 3 个其他项目的风险筛选值；2014 年公布的《全国土壤污染调查公报》中，针对镉、汞、砷、铜、铅、铬、锌、镍8 种无机污染物和六六六、滴滴涕、多环芳烃 3 类有机污染物，开展了首次全国土壤污染状况调查。可见，我国土壤环境质量标准中的有机污染物种类较少，其中六六六和滴滴涕这两种农药已于 1983 年停产，大量新型有机污染物既未制定标准限值，也未发布优先控制有毒有害污染物名录，这种状况对于农田污染防治和追究污染者的环境责任十分不利。

3.2.3　农田有毒有害污染物风险评估工作尚未全面开展

我国农田有毒有害污染物主要包括农药、酞酸酯、禽畜抗生素、禽畜激素共四大类物质，主要来源于农药和农膜的大量使用、污水灌溉、作为有机肥料施用于农作物种植的禽畜粪便等。由于各种污染物对生态环境和人类健康危害程度不同，不可能对进入农田中的每种污染物都进行有效监测和控制，需要筛选出潜在风险较大的有毒有害污染物进行重点管控。虽然我国在农药登记时评估了农药的环境风险和人体健康风险，但没有考虑到农药长期暴露造成的潜在风险；在化学物质评估方面，并没有基于风险理念对酞酸酯类、禽畜抗生素类和禽畜激素类有毒有害污染物开展风险评估，这导致对现有农田有毒有害污染物产生的风险程度不清楚，需要基于风险全面地对农田有毒有害污染物开展评估，以便能够快速准确地提出有效管控方案。

4

国内外有毒有害污染物筛选方法

通过文献调研，国内外学者虽已开展部分农田有毒有害污染物筛选方法的研究，但系统研究的并不多见。目前，国内外研究机构和学者在筛选优先控制化学物质、空气污染物、水污染物等有毒有害污染物方面开展了一些研究工作。

1994 年，EPA 针对化学品管理策略提出了化学品危害评估管理战略（Chemical Hazard Evaluation for Management Strategies，CHEMS-1）。该战略对 158 种物质进行了计分排序，其中包括了美国 1989 年公布的《有毒物质排放清单》（Toxics Release Inventory，TRI）中的 140 种物质和高产量农药年度报告中的 21 种物质，其中 3 种物质重复。CHEMS-1 考虑了人类健康影响、环境影响、暴露潜力三方面的评价指标，在人体健康效应指标选择时，考虑了急性经口毒性、急性吸入毒性、致癌性及其他特殊毒性等；在环境危害效应指标选择时，考虑了陆生哺乳动物的急性毒性、水生生物的急性毒性和水生生物的慢性毒性等；在暴露指标选择时，考虑了持久性（包括生物降解性和水解半衰期）、生物蓄积性、释放数量及化学品的其他属性等。根据是否包含"水中排放量、空气排放量和总排放量"分别对 158 种化学品进行了危害性排序及风险排序。

美国健康与社会服务部（DHHS）下的有毒物质与疾病登记处（ATSDR）及 EPA 根据《综合环境反应、补偿与责任法》的要求，共同开发了一套筛选有害物质的方法（简称 ATSDR 筛选法）。该方法采用分级评分法，以出现频率、毒性和暴露潜能为筛选指标，其中出现频率指标评分通过计算污染物的监测出现频率分值获得；毒性指标评分采用的是 EPA 开发的 RQ（Reportable Quantity）方法，根据污染物的可燃性与反应性、水生生物毒性、慢性毒性、致癌性、核放射性等属性进行判断；暴露潜能指标评分，主要考虑了环境介质中的物质浓度和人群暴露情况两方面因素，通过对所有指标进行分级赋分，按照设定方法计算每个在国家优先名单（NPL）中出现的化学污染物总分值，根据分值对每个化学污染物进行排序筛选，最终筛选出优先评价与管控的化学物质列入优先有害物质清单（SPL）中。ATSDR 筛选法在 1991 年开始使用，一直到现在仍被作为筛选优先有害物质的主要工具之一。在 2007 年的优先有害物质清单筛选过程中，使用该方法从 859 种候选物质中，筛选得到了一个 275 种优先有害物质清单，此后该名单每两年更新一次。

美国根据《清洁空气法》第 112（b）条开展了有毒有害空气污染物（HAPs）筛选工作。这些空气污染物主要考虑其可能通过吸入或其他暴露途径，对人类健康造成不利影响（包括但不限于致癌、致突变、致畸、神经毒性、引起生殖功能障碍、急性或慢性毒性），或通过环境浓度、生物富集、沉降等方式对环境造成不利影响（不包括意外泄漏排放到空气中的情况）。美国 1990 年修订《清洁空气法》时发布包括 190 种物质的 HAPs 名录。之后，几种物质因被证明不符合列入条件被删除。目前 HAPs 包括 187 类有毒有害污染物。

美国《清洁水法》第 502（13）条款将"有毒污染物"界定为排入环境后通过环境摄入等方式可引发生物体致病的物质（或者这些物质的组合），包括死亡、行为异常、癌症、遗传突变、生理功能障碍等。307（a）（1）提出，修订时主要考虑污染物的毒性、持久性、降解性、任何水域中受影响有机体的普遍存在或潜在存在，受影响有机体的重要性及有毒污染物对有机体影响的性质和程度。目前，有毒污染物名录包括 65 类污染物。

欧盟基于风险理论建立了"综合监测和模型的优先级设置方法（COMMPS）"动态评估方法，从暴露与危害效应两个方面对化学物质进行评分，该方法是综合评分法的一种，可用于有毒有害化学物质风险排序，欧盟委员运用 COMMPS 方法筛选出 32 种（类）化学物质的水环境优先污染物名单。COMMPS 方法在欧盟水框架指令内发挥了重要作用，尽管方法中不可避免地存在主观因素，但该方法仍被欧盟委员会及其各成员国所认可、采用。

澳大利亚联邦政府在"国家环境保护措施条例"框架下，设立了一个国家污染物清单（The National Pollutant Inventory，NPI）。为了在众多化学污染物中筛选出需要列入 NPI 的物质，国家环境保护委员会成立了一个技术咨询小组（TAP），TAP基于公认的风险理念（Risk=Hazard×Exposure），从污染物的健康效应、环境效应和环境暴露三方面筛选，考虑了人体健康急性毒性、人体健康慢性毒性、致癌性、生殖毒性、水生急性毒性、水生慢性毒性、环境释放量、生产使用量等指标，利用综合评分方法对 420 多种的工业化学品、农药、兽药等化学物质进行了评分和排序，依据研究建立的评分标准与计算公式，获得每个化学物质的综合风险分值，TAP 依据管理需求，最终筛选出 93 种物质列入了国家污染物名录。

国内也有学者开展了有毒有害污染物筛选研究。李成东等人利用 Copeland 计分排序法开展了 61 种环境优先污染物的生态危害评价；许秋瑾等人采用综合评分法对农村饮用水中 59 种污染物进行打分排序，最终确定了 9 种需要优先管控的污染物质；朱菲菲等人以污染物的急性毒性、生殖毒性、致癌性、内分泌干扰性、环境持久性、生物累积性、迁移性和出现频率为筛选指标，采用层次分析法 (AHP) 结合加权评分法，经筛选得到 16 类 85 种地下水优先有机污染物名单。杨雪梅在因子分析法、Copeland 法和基于熵权的 Topsis 综合评价排序的基础上利用 Football 法构建了新化学物质生态危害评价排序模型。生态环境部通过直通车法和综合评分法共确定 51 种物质作为我国第一批有毒有害大气污染物。

综上，从有毒有害污染物筛选方法来看，国内外机构和学者多是基于风险，从暴露和危害两方面对有毒有害污染物进行筛选排序，即筛选出同时具有高危害（如致癌性、致突变性或生殖毒性的物质（CMR）、持久性、生物蓄积性和毒性的物质（PBT）、具有急性毒性的物质等）与潜在高暴露（如产量高、分布广泛、检出率高等）的化学物质，最终确定需要管控的有毒有害污染物。本研究参考了发达国家有毒有害污染物筛选经验，旨在明确农田中有毒有害污染物种类和筛选原则，构建农田优先控制有毒有害污染物筛选方法，建立农田优先控制有毒有害污染物名录，并从源头上防止污染物进入农田。

5

农田优先控制有毒有害污染物
筛选技术

5.1 筛选原则

基于潜在风险防范的理念，从源头减少农田有毒有害污染物的排放，结合农田有毒有害污染物的危害特性、环境暴露潜力，从污染物对人体健康与生态环境风险角度，确定筛选的方法。

5.2 技术路线

农田优先控制有毒有害污染物的筛选主要通过三个步骤（图1）：一是建立农田有毒有害污染物初筛名单；二是通过"直通车"和暴露危害筛选的方法建立农田有毒有害污染物候选名单；三是通过可行性分析建立农田优先控制有毒有害污染物名录。

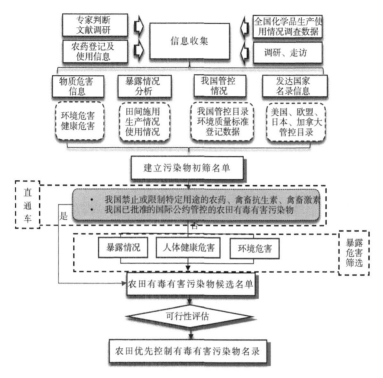

图 1   农田优先控制有毒有害污染物筛选技术路线

5.3   筛选方法

5.3.1   建立初筛名单

　　建立初筛名单是整个污染物筛选的初始阶段。在本阶段收集信息和数据成为关键，但目前我国尚未发布农田有毒有害污染物名单。采用文献调研法、数据库检索法和名录比对法确定农田有毒有害污染物初筛名单。由于农田有毒有害污染物造成的面源污染具有分散性、隐蔽性、不确定性、不易监测性、潜伏性等特点，因此在建立农田有毒有害污染物初筛名单时将考虑到所有可能排放（或施用）到农田中的化学物质，主要遵循如下标准。

（1）我国已取得农药登记的化学农药有效成分。采用数据库检索法，收集中国农药信息网中收录的农药登记数据信息，共 40 237 条数据。排除生物农药、植物源农药和卫生用农药，共整理到 30 135 种化学农药，通过农药登记证号查询农药有效成分信息，将 395 种化学农药有效成分纳入农田有毒有害污染物初筛名单。数据库检索中国农药信息网的农药登记数据信息截止日期为 2018 年 2 月。

（2）我国农膜中主要添加的酞酸酯类化学物质。目前我国尚未发布农田中酞酸酯类污染物清单。采用文献调研法，调研中国知网科研文献 100 余篇，结合环境保护部 2012 年和 2015 年化学品生产使用调查数据，将可能添加到农膜中的 15 种酞酸酯类化学物质纳入农田有毒有害污染物初筛名单，具体见表 1。

表 1　酞酸酯类农田有毒有害污染物初筛名单

序号	CAS 号	物质名称	纳入方式
1	117-81-7	邻苯二甲酸二 (2- 乙基) 己酯	文献调研
2	117-84-0	邻苯二甲酸二正辛酯	文献调研
3	131-11-3	邻苯二甲酸二甲酯	文献调研
4	131-16-8	邻苯二甲酸二丙酯	文献调研
5	131-18-0	邻苯二甲酸二戊酯	文献调研
6	26761-40-0	邻苯二甲酸二异癸酯	文献调研
7	27554-26-3	邻苯二甲酸二异辛酯	文献调研

（续表）

序号	CAS 号	物质名称	纳入方式
8	28553-12-0	邻苯二甲酸二异壬酯	文献调研
9	84-61-7	邻苯二甲酸二环己酯	文献调研
10	84-66-2	邻苯二甲酸二乙酯	文献调研
11	84-69-5	邻苯二甲酸二异丁酯	文献调研
12	84-74-2	邻苯二甲酸二丁酯	文献调研
13	84-75-3	邻苯二甲酸二己酯	文献调研
14	84-76-4	邻苯二甲酸二壬酯	文献调研
15	85-68-7	邻苯二甲酸丁基苄基酯	文献调研

（3）我国允许使用的禽畜抗生素。根据农业部第 1997 号公告《兽用处方药品种目录（第一批）》、第 2471 号公告《兽用处方药品种目录（第二批）》，排除生物源抗生素，筛选出 25 种禽畜抗生素有效化学成分纳入农田有毒有害污染物初筛名单。采用文献调研法，调研中国知网科研文献 50 余篇，将文献调研检索到的 12 种禽畜抗生素纳入农田有毒有害污染物初筛名单，具体见表 2。

表 2 禽畜抗生素类农田有毒有害污染物初筛名单

序号	CAS 号	物质名称	纳入方式
1	8063-07-8	卡那霉素	《兽用处方药品种目录（第一批）》
2	100929-47-3	多西环素	《兽用处方药品种目录（第一批）》
3	101312-92-9	沃尼妙林峰	文献
4	108050-54-0	替米考星	《兽用处方药品种目录（第一批）》

序号	CAS 号	物质名称	纳入方式
5	11006-76-1	维吉尼亚霉素	文献
6	11015-37-5	黄霉素	文献
7	114-07-8	红霉素	《兽用处方药品种目录（第一批）》
8	117704-25-3	多拉菌素	文献
9	123997-26-2	乙酰氨基阿维菌素	《兽用处方药品种目录（第二批）》
10	133868-46-9	盐酸沃尼妙林	文献
11	1401-69-0	泰乐菌素	《兽用处方药品种目录（第一批）》
12	1403-66-3	庆大霉素	《兽用处方药品种目录（第一批）》
13	1404-04-2	新霉素	《兽用处方药品种目录（第一批）》
14	1405-89-6	杆菌肽锌	文献
15	15318-45-3	甲砜霉素	《兽用处方药品种目录（第一批）》
16	154-21-2	林可霉素	《兽用处方药品种目录（第一批）》
17	1695-77-8	大观霉素	《兽用处方药品种目录（第一批）》
18	17090-79-8	莫能菌素	文献
19	18507-89-6	癸氧喹酯	文献
20	26787-78-0	阿莫西林	《兽用处方药品种目录（第一批）》
21	37321-09-8	安普霉素	《兽用处方药品种目录（第一批）》
22	41372-02-5	苄星青霉素	《兽用处方药品种目录（第一批）》
23	52093-21-7	庆大 - 小诺霉素	文献
24	53003-10-4	盐霉素	文献
25	55297-96-6	延胡索酸泰妙菌素	《兽用处方药品种目录（第一批）》

（续表）

序号	CAS 号	物质名称	纳入方式
26	57-92-1	链霉素	《兽用处方药品种目录（第一批）》
27	61-33-6	青霉素	《兽用处方药品种目录（第一批）》
28	64-72-2	盐酸金霉素	文献
29	64-75-5	盐酸四环素	《兽用处方药品种目录（第一批）》
30	70288-86-7	伊维菌素	《兽用处方药品种目录（第一批）》
31	71751-41-2	阿维菌素	《兽用处方药品种目录（第二批）》
32	7177-48-2	氨苄西林	《兽用处方药品种目录（第一批）》
33	73231-34-2	氟苯尼考	《兽用处方药品种目录（第一批）》
34	79-57-2	土霉素	《兽用处方药品种目录（第一批）》
35	80370-57-6	头孢噻呋	《兽用处方药品种目录（第一批）》
36	84878-61-5	马度米星	文献
37	84957-30-2	头孢喹肟	《兽用处方药品种目录（第一批）》

（4）我国管控的禽畜激素。根据农业部第 176 号公告《禁止在饲料和动物饮用水中使用的药物品种目录》、第 193 号公告《食品动物禁用的兽药及其它化合物清单》，排除生物源激素，筛选出 11 种禽畜激素有效化学成分纳入农田有毒有害污染物初筛名单。采用文献调研法，调研中国知网科研文献 50 余篇，将文献调研检索到的 5 种禽畜激素纳入农田有毒有害污染物初筛名单，具体见表 3。

表3　禽畜激素类农田有毒有害污染物初筛名单

序号	CAS 号	物质名称	纳入方式
1	1231-93-2	炔诺醇	《禁止在饲料和动物饮用水中使用的药物品种目录》
2	302-22-7	醋酸氯地孕酮	《禁止在饲料和动物饮用水中使用的药物品种目录》
3	481-30-1	表睾酮	文献
4	50-27-1	雌三醇	文献
5	50-50-0	苯甲酸雌二醇	《食品动物禁用的兽药及其化合物清单》
6	53-16-7	雌酮	文献
7	56-53-1	己烯雌酚	《食品动物禁用的兽药及其化合物清单》
8	569-57-3	氯烯雌醚	《禁止在饲料和动物饮用水中使用的药物品种目录》
9	57-63-6	17α 炔雌醇	文献
10	57-83-0	孕酮	文献
11	57-85-2	丙酸睾酮	《食品动物禁用的兽药及其化合物清单》
12	57-91-0	雌二醇	《禁止在饲料和动物饮用水中使用的药物品种目录》
13	62-90-8	苯丙酸诺龙	《食品动物禁用的兽药及其化合物清单》
14	68-22-4	炔诺酮	《禁止在饲料和动物饮用水中使用的药物品种目录》
15	797-63-7	左炔诺孕酮	《禁止在饲料和动物饮用水中使用的药物品种目录》
16	979-32-8	戊酸雌二醇	《禁止在饲料和动物饮用水中使用的药物品种目录》

通过初步的去重，共 463 种农田有毒有害污染物纳入初筛名单，见表4。

表4 农田有毒有害污染物初筛名单

序号	CAS	化学物质名称	序号	CAS	化学物质名称
1	1918-02-1	氨氯吡啶酸	26	105827-78-9	吡虫啉
2	54-11-5	烟碱	27	105843-36-5	氯噻啉
3	76-06-2	氯化苦	28	10605-21-7	多菌灵
4	2597-03-7	稻丰散	29	1071-83-6	草甘膦
5	3100-04-7	1-甲基环丙烯	30	107534-96-3	戊唑醇
6	3566-10-7	代森铵	31	108-62-3	四聚乙醛
7	3813-05-6	草除灵	32	108-80-5	氰尿酸
8	8018-01-7	代森锰锌	33	1104384-14-6	四氯虫酰胺
9	10004-44-1	噁霉灵	34	110488-70-5	烯酰吗啉
10	1003318-67-9	氟噻唑吡乙酮	35	110956-75-7	环戊噁草酮
11	100646-51-3	精喹禾灵	36	1113-02-6	氧乐果
12	100784-20-1	氯吡嘧磺隆	37	11141-17-6	印楝素
13	101200-48-0	苯磺隆	38	111991-09-4	烟嘧磺隆
14	101-21-3	氯苯胺灵	39	112225-87-3	抑食肼
15	101463-69-8	氟虫脲	40	112281-77-3	四氟醚唑
16	1014-70-6	西草净	41	112410-23-8	虫酰肼
17	103055-07-8	虱螨脲	42	1129-41-5	速灭威
18	103361-09-7	丙炔氟草胺	43	113158-40-0	精噁唑禾草灵
19	10369-83-2	胺鲜酯	44	114311-32-9	甲氧咪草烟
20	10380-28-6	喹啉铜	45	114369-43-6	腈苯唑
21	104040-78-0	啶嘧磺隆	46	114420-56-3	炔草酯
22	104098-48-8	甲咪唑烟酸	47	115852-48-7	稻瘟酰胺
23	104098-49-9	甲咪唑烟酸胺盐	48	116-06-3	涕灭威
24	104206-82-8	硝磺草酮	49	116-29-0	三氯杀螨砜
25	105512-06-9	炔草酸	50	117337-19-6	嗪草酸甲酯

序号	CAS	化学物质名称	序号	CAS	化学物质名称
51	117428-22-5	啶氧菌酯	78	129909-90-6	氨唑草酮
52	119-12-0	哒嗪硫磷	79	130000-40-7	噻呋酰胺
53	119446-68-3	苯醚甲环唑	80	131341-86-1	咯菌腈
54	119738-06-6	喹禾糠酯	81	131-72-6	硝苯菌酯
55	119791-41-2	甲氨基阿维菌素	82	1317-39-1	氧化亚铜
56	120068-37-3	氟虫腈	83	131860-33-8	嘧菌酯
57	120116-88-3	氰霜唑	84	13194-48-4	灭线磷
58	1203791-41-6	环氧虫啶	85	131983-72-7	灭菌唑
59	12071-83-9	丙森锌	86	133-06-2	克菌丹
60	120923-37-7	酰嘧磺隆	87	13356-08-6	苯丁锡
61	120928-09-8	喹螨醚	88	134098-61-6	唑螨酯
62	121-21-1	除虫菊素	89	135186-78-6	环酯草醚
63	12122-67-7	代森锌	90	135319-73-2	氟环唑
64	121552-61-2	嘧菌环胺	91	135410-20-7	啶虫脒
65	121-75-5	马拉硫磷	92	13593-03-8	喹硫磷
66	122008-85-9	氰氟草酯	93	136191-64-5	嘧草醚
67	122-34-9	西玛津	94	13684-56-5	甜菜安
68	122453-73-0	虫螨腈	95	13684-63-4	甜菜宁
69	122836-35-5	甲磺草胺	96	137-26-8	福美双
70	122931-48-0	砜嘧磺隆	97	137-30-4	福美锌
71	123312-89-0	吡蚜酮	98	137-42-8	威百亩
72	125401-92-5	双草醚	99	1390661-72-9	氯氟吡啶酯
73	126535-15-7	氟胺磺隆	100	139968-49-3	氰氟虫腙
74	126801-58-9	乙氧磺隆	101	140-56-7	敌磺钠
75	128639-02-1	唑草酮	102	141517-21-7	肟菌酯
76	129558-76-5	唑虫酰胺	103	1420-04-8	杀螺胺乙醇胺盐
77	129630-17-7	吡草醚	104	143390-89-0	醚菌酯

序号	CAS	化学物质名称	序号	CAS	化学物质名称
105	143807-66-3	环虫酰肼	131	1610-17-9	莠去津
106	144171-61-9	茚虫威	132	161050-58-4	甲氧虫酰肼
107	144550-36-7	甲基碘磺隆钠盐	133	161599-46-8	啶菌噁唑
108	145701-23-1	双氟磺草胺	134	165252-70-0	呋虫胺
109	147150-35-4	氯酯磺草胺	135	16672-87-0	乙烯利
110	14816-18-3	辛硫磷	136	167933-07-5	毒氟磷
111	148477-71-8	螺螨酯	137	168088-61-7	嘧啶肟草醚
112	148-79-8	噻菌灵	138	1689-84-5	溴苯腈
113	149877-41-8	联苯肼酯	139	1689-99-2	辛酰溴苯腈
114	150114-71-9	氯氨吡啶酸	140	169202-06-6	双胍三辛烷基苯磺酸盐
115	150824-47-8	烯啶虫胺	141	1702-17-6	二氯吡啶酸
116	15263-53-3	杀螟丹	142	175013-18-0	吡唑醚菌酯
117	15299-99-7	敌草胺	143	175217-20-6	硅噻菌胺
118	153197-14-9	噁嗪草酮	144	17804-35-2	苯菌灵
119	153233-91-1	乙螨唑	145	178928-70-6	丙硫唑
120	153719-23-4	噻虫嗪	146	178961-20-1	精异丙甲草胺
121	15545-48-9	绿麦隆	147	179101-81-6	三氟甲吡醚
122	155569-91-8	甲氨基阿维菌素苯甲酸盐	148	181274-17-9	氟唑磺隆
123	155860-63-2	单嘧磺隆	149	181587-01-9	乙虫腈
124	1563-66-2	克百威	150	18181-80-1	溴螨酯
125	156963-66-5	双环磺草酮	151	187166-40-1	乙基多杀菌素
126	158062-67-0	氟啶虫酰胺	152	188425-85-6	啶酰菌胺
127	1582-09-8	氟乐灵	153	1897-45-6	百菌清
128	158353-15-2	双唑草腈	154	1918-00-9	麦草畏
129	1596-84-5	丁酰肼	155	1918-16-7	毒草胺
130	15972-60-8	甲草胺	156	1928-43-4	2,4-滴异辛酯

序号	CAS	化学物质名称	序号	CAS	化学物质名称
157	19666-30-9	噁草酮	181	23950-58-5	炔苯酰草胺
158	199119-58-9	三氟啶磺隆钠盐	182	24017-47-8	三唑磷
159	2008-39-1	2,4-滴二甲胺盐	183	24096-53-5	菌核净
160	203313-25-1	螺虫乙酯	184	24307-26-4	甲哌鎓
161	2039-46-5	2甲4氯二甲胺盐	185	24353-61-5	水胺硫磷
162	208465-21-8	甲基二磺隆	186	243973-20-8	唑啉草酯
163	210631-68-8	苯唑草酮	187	24579-73-5	霜霉威
164	21087-64-9	嗪草酮	188	25057-89-0	灭草松
165	210880-92-5	噻虫胺	189	25606-41-1	霜霉威盐酸盐
166	211867-47-9	氟吗啉	190	256412-89-2	噁唑酰草胺
167	213464-77-8	嘧苯胺磺隆	191	26087-47-8	异稻瘟净
168	219714-96-2	五氟磺草胺	192	26225-79-6	乙氧呋草黄
169	220899-03-6	苯菌酮	193	2631-40-5	异丙威
170	2212-67-1	禾草敌	194	2634-33-5	噻霉酮
171	2255-17-6	杀螟硫磷	195	2686-99-9	混灭威
172	2300-66-5	麦草畏二甲胺盐	196	2702-72-9	2,4-滴钠盐
173	2303-17-5	野麦畏	197	272451-65-7	氟苯虫酰胺
174	2310-17-0	伏杀硫磷	198	27605-76-1	烯丙苯噻唑
175	23103-98-2	抗蚜威	199	28249-77-6	禾草丹
176	2312-35-8	炔螨特	200	2887-61-8	酚菌酮
177	23184-66-9	丁草胺	201	2893-78-9	二氯异氰尿酸钠
178	23564-05-8	甲基硫菌灵	202	29091-21-2	氨氟乐灵
179	238410-11-2	烯肟菌酯	203	2921-88-2	毒死蜱
180	23947-60-9	乙嘧酚	204	29232-93-7	甲基嘧啶磷

序号	CAS	化学物质名称	序号	CAS	化学物质名称
205	29547-00-0	杀虫单	232	38641-94-0	草甘膦异丙胺盐
206	298-02-2	甲拌磷	233	39148-24-8	三乙膦酸铝
207	30560-19-1	乙酰甲胺磷	234	39491-78-6	氰烯菌酯
208	3160-91-6	盐酸吗啉胍	235	39515-41-8	甲氰菊酯
209	31895-21-3	杀虫环	236	39807-15-3	丙炔噁草酮
210	3234-61-5	噻菌铜	237	400882-07-7	丁氟螨酯
211	32809-16-8	腐霉利	238	40465-66-5	草甘膦铵盐
212	330-54-1	敌草隆	239	40487-42-1	二甲戊灵
213	33089-61-1	双甲脒	240	40843-25-2	禾草灵
214	33089-74-6	单甲脒	241	41083-11-8	三唑锡
215	333-41-5	二嗪磷	242	41198-08-7	丙溴磷
216	3347-22-6	二氰蒽醌	243	412928-75-7	氟吡磺隆
217	33629-47-9	仲丁灵	244	41394-05-2	苯嗪草酮
218	34123-59-6	异丙隆	245	41483-43-6	乙嘧酚磺酸酯
219	34256-82-1	乙草胺	246	41814-78-2	三环唑
220	34494-03-6	草甘膦钠盐	247	420-04-2	单氰胺
221	34494-04-7	草甘膦二甲胺盐	248	420138-40-5	丙酯草醚
222	348635-87-0	吲唑磺菌胺	249	420138-41-6	异丙酯草醚
223	35409-97-3	灭幼脲	250	422556-08-9	啶磺草胺
224	35554-44-0	抑霉唑	251	42874-03-3	乙氧氟草醚
225	35691-65-7	溴菌腈	252	43121-43-3	三唑酮
226	3653-48-3	2甲4氯钠	253	467427-80-1	呋喃虫酰肼
227	366815-39-6	烯肟菌胺	254	4685-14-7	百草枯
228	36734-19-7	异菌脲	255	4871-97-0	莪术醇
229	372137-35-4	苯嘧磺草胺	256	494793-67-8	氟唑菌苯胺
230	374726-62-2	双炔酰菌胺	257	49866-87-7	野燕枯
231	3766-81-2	仲丁威	258	500008-45-7	氯虫苯甲酰胺

（续表）

序号	CAS	化学物质名称	序号	CAS	化学物质名称
259	50512-35-1	稻瘟灵	287	58594-72-2	抑霉唑硫酸盐
260	50594-66-6	三氟羧草醚	288	59669-26-0	灭多威
261	50-65-7	杀螺胺	289	60207-90-1	丙环唑
262	51218-49-6	丙草胺	290	6046-93-1	乙酸铜
263	51235-04-2	环嗪酮	291	60-51-5	乐果
264	51550-40-4	单甲脒盐酸盐	292	62-73-7	敌敌畏
265	51630-58-1	氰戊菊酯	293	62924-70-3	氟节胺
266	51707-55-2	噻苯隆	294	63-25-2	甲萘威
267	521-61-9	大黄素甲醚	295	64249-01-0	莎稗磷
268	52207-48-4	杀虫双	296	64628-44-0	杀铃脲
269	52315-07-8	氯氰菊酯	297	64700-56-7	三氯吡氧乙酸丁氧基乙酯
270	5234-68-4	萎锈灵	298	65731-84-2	高效氯氰菊酯
271	52-51-7	溴硝醇	299	658066-35-4	氟吡菌酰胺
272	52645-53-1	氯菊酯	300	66215-27-8	灭蝇胺
273	52-68-6	敌百虫	301	66230-04-4	S-氰戊菊酯
274	52918-63-5	溴氰菊酯	302	66246-88-6	戊菌唑
275	53112-28-0	嘧霉胺	303	66332-96-5	氟酰胺
276	533-74-4	棉隆	304	67129-08-2	吡唑草胺
277	5517931-2	联苯三唑醇	305	67375-30-8	顺式氯氰菊酯
278	55219-65-3	三唑醇	306	67747-09-5	咪鲜胺
279	55285-14-8	丁硫克百威	307	68085-85-8	氯氟氰菊酯
280	55335-06-3	三氯吡氧乙酸	308	68157-60-8	氯吡脲
281	55-38-9	倍硫磷	309	682-91-7	乙蒜素
282	5598-13-0	甲基毒死蜱	310	68359-37-5	氟氯氰菊酯
283	57018-04-9	甲基立枯磷	311	69327-76-0	噻嗪酮
284	570415-88-2	丙嗪嘧磺隆	312	69377-81-7	氯氟吡氧乙酸
285	57413-95-3	辛菌胺醋酸盐	313	69806-40-2	氟吡甲禾灵
286	57837-19-1	甲霜灵	314	69806-50-4	吡氟禾草灵

序号	CAS	化学物质名称	序号	CAS	化学物质名称
315	70288-86-7	依维菌素	341	79241-46-6	精吡氟禾草灵
316	704886-18-0	丁虫腈	342	79277-27-3	噻吩磺隆
317	70630-17-0	精甲霜灵	343	79319-85-0	叶枯唑
318	70901-20-1	草甘膦钾盐	344	79622-59-6	氟啶胺
319	709-98-8	敌稗	345	79983-71-4	己唑醇
320	71422-67-8	氟啶脲	346	80060-09-9	丁醚脲
321	71697-59-1	高效反式氯氰菊酯	347	8020-83-5	矿物油
322	71751-41-2	阿维菌素	348	80844-07-1	醚菊酯
323	72178-02-0	氟磺胺草醚	349	81334-34-1	咪唑烟酸
324	7287-19-6	扑草净	350	81335-37-7	咪唑喹啉酸
325	732-11-6	亚胺硫磷	351	81335-77-5	咪唑乙烟酸
326	73250-68-7	苯噻酰草胺	352	81406-37-3	氯氟吡氧乙酸异辛酯
327	736994-63-1	溴氰虫酰胺	353	81412-43-3	十三吗啉
328	74051-80-2	烯禾啶	354	81777-89-1	异噁草松
329	74115-24-5	四螨嗪	355	82560-54-1	丙硫克百威
330	74222-97-2	甲嘧磺隆	356	82657-04-3	联苯菊酯
331	74223-64-6	甲磺隆	357	82-68-8	五氯硝基苯
332	74-83-9	溴甲烷	358	83055-99-6	苄嘧磺隆
333	76578-14-8	喹禾灵	359	83164-33-4	吡氟酰草胺
334	76674-21-0	粉唑醇	360	834-12-8	莠灭净
335	76703-62-3	精高效氯氟氰菊酯	361	83657-17-4	烯效唑
336	76738-62-0	多效唑	362	83657-24-3	烯唑醇
337	77182-82-2	草铵膦	363	84087-01-4	二氯喹啉酸
338	77501-60-1	乙羧氟草醚	364	85-00-7	敌草快
339	77501-63-4	乳氟禾草灵	365	85509-19-9	氟硅唑
340	78587-05-0	噻螨酮	366	86479-06-3	除虫脲

序号	CAS	化学物质名称	序号	CAS	化学物质名称
367	86598-92-7	亚胺唑	387	95977-29-0	高效氟吡甲禾灵
368	86763-47-5	异丙草胺	388	96489-71-3	哒螨灵
369	868680-84-6	嗪吡嘧磺隆	389	988-49-9	噻虫啉
370	87392-12-9	异丙甲草胺	390	98886-44-3	噻唑膦
371	874195-61-6	氟酮磺草胺	391	98967-40-9	唑嘧磺草胺
372	874967-67-6	氟唑环菌胺	392	99105-77-8	磺草酮
373	87820-88-0	三甲苯草酮	393	99129-21-2	烯草酮
374	88671-89-0	腈菌唑	394	99387-89-0	氟菌唑
375	9006-42-2	代森联	395	99675-03-3	甲基异柳磷
376	900-95-8	三苯基乙酸锡	396	117-81-7	邻苯二甲酸二 (2-乙基)己酯
377	902760-40-1	氯啶菌酯	397	117-84-0	邻苯二甲酸二 正辛酯
378	91465-08-6	高效氯氟氰菊酯	398	131-11-3	邻苯二甲酸二 甲酯
379	93697-74-6	吡嘧磺隆	399	131-16-8	邻苯二甲酸二 丙酯
380	94361-06-5	环丙唑醇	400	131-18-0	邻苯二甲酸二 戊酯
381	94593-91-6	醚磺隆	401	26761-40-0	邻苯二甲酸二 异癸酯
382	946578-00-3	氟啶虫胺腈	402	27554-26-3	邻苯二甲酸二 异辛酯
383	94-74-6	二甲四氯	403	28553-12-0	邻苯二甲酸二 异壬酯
384	94-80-4	2,4-滴丁酯	404	84-61-7	邻苯二甲酸二 环己酯
385	95266-40-3	抗倒酯	405	84-66-2	邻苯二甲酸二 乙酯
386	95737-68-1	吡丙醚	406	84-69-5	邻苯二甲酸二 异丁酯

（续表）

序号	CAS	化学物质名称	序号	CAS	化学物质名称
407	84-74-2	邻苯二甲酸二丁酯	429	18507-89-6	癸氧喹酯
408	84-75-3	邻苯二甲酸二己酯	430	26787-78-0	阿莫西林
409	84-76-4	邻苯二甲酸二壬酯	431	37321-09-8	安普霉素
410	85-68-7	邻苯二甲酸丁基苄基酯	432	41372-02-5	苄星青霉素
411	8063-07-8	卡那霉素	433	52093-21-7	庆大 - 小诺霉素
412	100929-47-3	多西环素	434	53003-10-4	盐霉素
413	101312-92-9	沃尼妙林峰	435	55297-96-6	延胡索酸泰妙菌素
414	108050-54-0	替米考星	436	57-92-1	链霉素
415	11006-76-1	维吉尼亚霉素	437	61-33-6	青霉素
416	11015-37-5	黄霉素	438	64-72-2	盐酸金霉素
417	114-07-8	红霉素	439	64-75-5	盐酸四环素
418	117704-25-3	多拉菌素	440	70288-86-7	伊维菌素
419	123997-26-2	乙酰氨基阿维菌素	441	71751-41-2	阿维菌素
420	133868-46-9	盐酸沃尼妙林	442	7177-48-2	氨苄西林
421	1401-69-0	泰乐菌素	443	73231-34-2	氟苯尼考
422	1403-66-3	庆大霉素	444	79-57-2	土霉素
423	1404-04-2	新霉素	445	80370-57-6	头孢噻呋
424	1405-89-6	杆菌肽锌	446	84878-61-5	马度米星
425	15318-45-3	甲砜霉素	447	84957-30-2	头孢喹肟
426	154-21-2	林可霉素	448	1231-93-2	炔诺醇
427	1695-77-8	大观霉素	449	302-22-7	醋酸氯地孕酮
428	17090-79-8	莫能菌素	450	481-30-1	表睾酮

序号	CAS	化学物质名称	序号	CAS	化学物质名称
451	50-27-1	雌三醇	458	57-85-2	丙酸睾酮
452	50-50-0	苯甲酸雌二醇	459	57-91-0	雌二醇
453	53-16-7	雌酮	460	62-90-8	苯丙酸诺龙
454	56-53-1	己烯雌酚	461	68-22-4	炔诺酮
455	569-57-3	氯烯雌醚	462	797-63-7	左炔诺孕酮
456	57-63-6	17α 炔雌醇	463	979-32-8	戊酸雌二醇
457	57-83-0	孕酮			

5.3.2 建立候选名单

针对初筛名单中的农田有毒有害污染物，采用"直通车"法和风险筛选法建立农田优先控制有毒有害污染物候选名单。

（1）"直通车"法。"直通车"法是将我国未全面禁止使用、限制使用和国际公约中我国仍有登记的农田有毒有害污染物直接纳入候选名单，主要包括以下 3 个方面。

①我国农业农村部限制使用的农药。根据农业部第 2567 号公告《限制使用农药名录（2017 版）》，将可能施用到农田中的甲拌磷、甲基异柳磷、氯化苦、灭多威、灭线磷、涕灭威、氧乐果、百草枯、2,4- 滴丁酯等 21 种农药直接纳入农田优先控制有毒有害污染物候选名单，见表 5。

②国际公约管控的我国仍有登记的农田有毒有害污染物。根据《鹿特丹公约》将苯菌灵和福美双直接纳入农田优先控制有毒有害污染物候选名单，见表 5。

③列入我国农业农村部管控目录的禽畜抗生素和禽畜激素。根据农业部第 193 号公告《食品动物禁用的兽药及其化合

物清单》和第 176 号公告《禁止在饲料和动物饮用水中使用的药物品种目录》，将丙酸睾酮、苯丙酸诺龙、苯甲酸雌二醇、雌二醇等 11 种禽畜激素直接纳入农田优先控制有毒有害污染物候选名单，见表 5。

通过去重，"直通车法"将 34 种物质直接纳入农田优先控制有毒有害污染物候选名单，见表 5。

表 5 "直通车"法筛选结果

序号	CAS 号	有效成分名称	纳入方式
1	298-02-2	甲拌磷	《限制使用农药名录》（2017 版）
2	99675-03-3	甲基异柳磷	《限制使用农药名录》（2017 版）
3	1563-66-2	克百威	《限制使用农药名录》（2017 版）
4	76-06-2	氯化苦	《限制使用农药名录》（2017 版）
5	59669-26-0	灭多威	《限制使用农药名录》（2017 版）
6	13194-48-4	灭线磷	《限制使用农药名录》（2017 版）
7	116-06-3	涕灭威	《限制使用农药名录》（2017 版）
8	74-83-9	溴甲烷	《限制使用农药名录》（2017 版）
9	1113-02-6	氧乐果	《限制使用农药名录》（2017 版）
10	4685-14-7	百草枯	《限制使用农药名录》（2017 版）
11	94-80-4	2,4-滴丁酯	《限制使用农药名录》（2017 版）
12	55285-14-8	丁硫克百威	《限制使用农药名录》（2017 版）
13	1596-84-5	丁酰肼	《限制使用农药名录》（2017 版）
14	2921-88-2	毒死蜱	《限制使用农药名录》（2017 版）
15	272451-65-7	氟苯虫酰胺	《限制使用农药名录》（2017 版）
16	120068-37-3	氟虫腈	《限制使用农药名录》（2017 版）
17	60-51-5	乐果	《限制使用农药名录》（2017 版）
18	51630-58-1	氰戊菊酯	《限制使用农药名录》（2017 版）
19	24017-47-8	三唑磷	《限制使用农药名录》（2017 版）

（续表）

序号	CAS 号	有效成分名称	纳入方式
20	24353-61-5	水胺硫磷	《限制使用农药名录》（2017 版）
21	30560-19-1	乙酰甲胺磷	《限制使用农药名录》（2017 版）
22	17804-35-2	苯菌灵	《鹿特丹公约》
23	137-26-8	福美双	《鹿特丹公约》
24	57-85-2	丙酸睾酮	《食品动物禁用的兽药及其化合物清单》
25	62-90-8	苯丙酸诺龙	《食品动物禁用的兽药及其化合物清单》
26	50-50-0	苯甲酸雌二醇	《食品动物禁用的兽药及其化合物清单》
27	56-53-1	己烯雌酚	《食品动物禁用的兽药及其化合物清单》
28	57-91-0	雌二醇	《禁止在饲料和动物饮用水中使用的药物品种目录》
29	979-32-8	戊酸雌二醇	《禁止在饲料和动物饮用水中使用的药物品种目录》
30	569-57-3	氯烯雌醚	《禁止在饲料和动物饮用水中使用的药物品种目录》
31	1231-93-2	炔诺醇	《禁止在饲料和动物饮用水中使用的药物品种目录》
32	302-22-7	醋酸氯地孕酮	《禁止在饲料和动物饮用水中使用的药物品种目录》
33	797-63-7	左炔诺孕酮	《禁止在饲料和动物饮用水中使用的药物品种目录》
34	68-22-4	炔诺酮	《禁止在饲料和动物饮用水中使用的药物品种目录》

（2）风险筛选法。除了运用"直通车"法筛选的 34 种物质外，其余 429 种农田有毒有害污染物基于风险进行筛选。

①筛选指标确定。筛选指标包括暴露筛选指标和危害筛选

指标。

在暴露筛选指标方面，由于中国缺乏长期对农田有毒有害污染物监测数据，参考发达国家有毒有害化学品评估经验，即有生产使用就有暴露的可能性。考虑到农药类有毒有害污染物是直接施用到农田，将产品登记数量、施药量平均值、施药次数和施药方式等作为农药类有毒有害污染物主要暴露筛查指标；考虑到酞酸酯类和禽畜抗生素激素类有毒有害污染物是间接排放到农田的，将生产使用酞酸酯类和禽畜抗生素激素类的企业数量、涉及生产使用酞酸酯类和禽畜抗生素激素类的省份数量、酞酸酯类和禽畜抗生素激素类的生产量和使用量作为酞酸酯类和禽畜抗生素激素类有毒有害污染物的主要暴露筛查指标。

在危害筛选指标方面，农田有毒有害污染物可能会对生态环境或通过生态环境对人体健康造成危害。在生态环境危害方面，由于农田中存在的有毒有害污染物可能通过地表径流对周边水生态环境造成危害，因此将水生生物急性、慢性毒性作为生态环境危害筛选指标。在有毒有害污染物环境归趋特征方面，选择土壤降解性和生物蓄积性作为筛选指标。在人体健康方面，农田有毒有害污染物造成的污染具有潜伏性，可能被作物吸收，并通过膳食暴露途径进入人体，短时间内可能无法显现其对人体的健康危害，但随着时间积累，由于数量的增加便会出现危害特征，因此将致癌性（C）、致突变性（M）、生殖毒性（R）、特异性靶器官一次接触毒性、特异性靶器官反复接触毒性作为健康危害指标。

②数据来源。农田有毒有害污染物的危害信息来自国际权

威数据库，主要参考了美国 ACToR 数据库（Aggregated Computational Toxicology Resource）、HSDB 数据库（Hazardous Substance Data Bank）、AGRITOX 数据库（Database on plant protection substances）、国际经济合作和发展组织 eChemPortal 数据库中日本 GHS-J 分类结果、欧盟 ECHA C&L 分类结果，致癌性指标参考国际癌症机构（IARC）的分类结果，部分污染物环境归趋数据由 EPI Suite 等国际权威计算毒理学模型预测得到。暴露数据来自生态环境部化学品生产使用调查数据和中国农药信息网。

ACToR 是由美国 EPA 国家计算毒理学中心（NCCT）开发、收集整理的数据库。汇集了超过 400 多个环境化学物质的公开数据，这些数据包括化学结构、物理化学性质、毒理学数据等，具体内容可以参考链接（http://actor.epa.gov）。

HSDB 是一个侧重于潜在危险化学品的毒理学和环境影响毒理学数据库，包含人体健康影响、动物毒性研究、化学/物理性质、药理作用、安全和处理、环境暴露等多项数据信息。HSDB 允许在一个文件中访问各类数据。

http://www.nlm.nih.gov/pubs/factsheets/hsdbfs.html

http://toxnet.nlm.nih.gov/help/HSDBhelp.htm

AGRITOX 免费提供农药活性物质的相关信息：

物理化学性质——溶解度，log Kow，蒸气压，水中稳定性，pH，pKa，pKb 等；

毒性——急性慢性毒性，生殖发育毒性，NOAEL 等；

环境影响和行为——土壤和水中半衰期、吸附系数等；

生态毒性——鱼毒，鸟毒，其他水生生物毒性等；

参考值——每日允许摄入量 ADI，急性参考剂量 ARfD，可接受暴露水平 AOEL。

③筛选方法。依据农田有毒有害污染物对人体健康和生态环境的危害和影响严重程度，提出以下 4 种筛选方法：

（a）SVHC 法。参照欧盟高关注物质优先排序的方法，将初筛名单中物质按照表 6 进行分级赋分，风险总分值＝危害分值＋暴露分值。

表 6　农田有毒有害污染物 SVHC 法赋分标准

评估指标		类别	分数
危害信息 （Inh pro）	特异性靶器官一次接触和反复接触毒性的 1 类、2 类	低	1
	C 2A/2B、M 2 或 / 和 R 2	中	7
	C 1、M 1A/1B 或 / 和 R 1A/1B	较高	13
	C 1 或 / 和 M 1A 或 / 和 R 1A，且至少 P,B 或 / 和 vPvB	高	15
	产量（t）	类别	分数
暴露信息 （vol）	0	无	0
	产量 <10	非常低	3
	10 ≤产量 <100	低	6
	100 ≤产量 <1 000	中	9
	1000 ≤产量 <10 000	高	12
	产量≥ 10 000	很高	15

本研究将农田有毒有害污染物 SVHC 总分＞ 15 的物质纳入候选名单。

按 SVHC 法，共有 34 种农田有毒有害污染物纳入候选名单，具体见表 7。

表7 农田优先控制有毒有害污染物候选名单

序号	CAS	化学物质名称	方法	类型
1	2597-03-7	稻丰散	SVHC法	农药
2	8018-01-7	代森锰锌	SVHC法	农药
3	10605-21-7	多菌灵	SVHC法	农药
4	1071-83-6	草甘膦	SVHC法	农药
5	107534-96-3	戊唑醇	SVHC法	农药
6	12071-83-9	丙森锌	SVHC法	农药
7	135319-73-2	氟环唑	SVHC法	农药
8	137-30-4	福美锌	SVHC法	农药
9	155569-91-8	甲氨基阿维菌素苯甲酸盐	SVHC法	农药
10	16672-87-0	乙烯利	SVHC法	农药
11	1689-84-5	溴苯腈	SVHC法	农药
12	1689-99-2	辛酰溴苯腈	SVHC法	农药
13	181587-01-9	乙虫腈	SVHC法	农药
14	1897-45-6	百菌清	SVHC法	农药
15	19666-30-9	噁草酮	SVHC法	农药
16	29232-93-7	甲基嘧啶磷	SVHC法	农药
17	333-41-5	二嗪磷	SVHC法	农药
18	34256-82-1	乙草胺	SVHC法	农药
19	39515-41-8	甲氰菊酯	SVHC法	农药
20	420-04-2	单氰胺	SVHC法	农药
21	52-68-6	敌百虫	SVHC法	农药
22	60207-90-1	丙环唑	SVHC法	农药
23	62-73-7	敌敌畏	SVHC法	农药
24	67747-09-5	咪鲜胺	SVHC法	农药
25	71751-41-2	阿维菌素	SVHC法	农药
26	73250-68-7	苯噻酰草胺	SVHC法	农药
27	77182-82-2	草铵膦	SVHC法	农药

（续表）

序号	CAS	化学物质名称	方法	类型
28	900-95-8	三苯基乙酸锡	SVHC 法	农药
29	94-74-6	二甲四氯	SVHC 法	农药
30	117-81-7	邻苯二甲酸二 (2- 乙基) 己酯	SVHC 法	酞酸酯
31	117-84-0	邻苯二甲酸二正辛酯	SVHC 法	酞酸酯
32	84-69-5	邻苯二甲酸二异丁酯	SVHC 法	酞酸酯
33	84-74-2	邻苯二甲酸二丁酯	SVHC 法	酞酸酯
34	71751-41-2	阿维菌素	SVHC 法	禽畜抗生素

（b）Copeland 法。一种简单的非参数计分排序方法，即"少数服从多数"，是数学在社会学上的重要应用。详细规则如下：设有 m 种评价对象（X_1, X_2, X_3,…, X_m），n 个评价指标，且指标 n 的数值大小与评价对象的危害成正相关关系，对每一种评价对象的指标值分别与同一指标下其他评价对象指标值相比较，指标值大者计 +1 分，指标值相等计 0 分，指标值小者计 –1 分，最后以比对完的指标值的和进行排序，以图 2 进行举例说明。

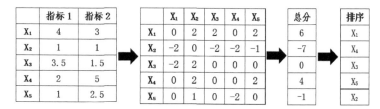

图 2 Copeland 法示意图

从环境暴露、环境危害、人体健康危害共 13 个指标进行评价，因此 n 值为 13，见表 8。

表 8　Copeland 法筛选指标

物质类别	指标类别	筛选指标
农药	环境暴露	施药量平均值
		施用方法
		用药次数
		登记数量
		土壤降解时间
		生物富集因子
	环境危害	急性水生毒性
		慢性水生毒性
	人体危害	致癌性
		致突变性
		生殖毒性
		特定目标器官毒性（单次接触）
		特定目标器官毒性（反复接触）
酞酸酯、禽畜抗生素、激素	环境暴露	生产使用企业数
		登记省份
		生产量
		使用量
		土壤降解时间
		生物富集因子
	环境危害	急性水生毒性
		慢性水生毒性
	人体危害	致癌性
		致突变性
		生殖毒性
		特定目标器官毒性（单次接触）
		特定目标器官毒性（反复接触）

本研究将农药类有毒有害污染物 Copeland 总分＞1 500、酞酸酯类有毒有害污染物 Copeland 总分＞50、禽畜抗生素、

激素类有毒有害污染物 Copeland 总分＞150 纳入候选名单。

按 Copeland 法，共有 39 种农田有毒有害污染物纳入候选名单，具体见表 9。

表 9　农田优先控制有毒有害污染物候选名单

序号	CAS	物质名称	方法	类型
1	52-68-6	敌百虫	Copeland 法	农药
2	79622-59-6	氟啶胺	Copeland 法	农药
3	91465-08-6	高效氯氟氰菊酯	Copeland 法	农药
4	34256-82-1	乙草胺	Copeland 法	农药
5	35554-44-0	抑霉唑	Copeland 法	农药
6	67747-09-5	咪鲜胺	Copeland 法	农药
7	39515-41-8	甲氰菊酯	Copeland 法	农药
8	82-68-8	五氯硝基苯	Copeland 法	农药
9	107534-96-3	戊唑醇	Copeland 法	农药
10	10605-21-7	多菌灵	Copeland 法	农药
11	1897-45-6	百菌清	Copeland 法	农药
12	86598-92-7	亚胺唑	Copeland 法	农药
13	98886-44-3	噻唑膦	Copeland 法	农药
14	68359-37-5	氟氯氰菊酯	Copeland 法	农药
15	55-38-9	倍硫磷	Copeland 法	农药
16	2631-40-5	异丙威	Copeland 法	农药
17	80844-07-1	醚菊酯	Copeland 法	农药
18	19666-30-9	噁草酮	Copeland 法	农药
19	137-30-4	福美锌	Copeland 法	农药
20	67375-30-8	顺式氯氰菊酯	Copeland 法	农药
21	2312-35-8	炔螨特	Copeland 法	农药
22	23184-66-9	丁草胺	Copeland 法	农药
23	52315-07-8	氯氰菊酯	Copeland 法	农药

序号	CAS	物质名称	方法	类型
24	175013-18-0	吡唑醚菌酯	Copeland法	农药
25	122453-73-0	虫螨腈	Copeland法	农药
26	14816-18-3	辛硫磷	Copeland法	农药
27	36734-19-7	异菌脲	Copeland法	农药
28	60207-90-1	丙环唑	Copeland法	农药
29	148-79-8	噻菌灵	Copeland法	农药
30	8018-01-7	代森锰锌	Copeland法	农药
31	117-81-7	邻苯二甲酸二(2-乙基)己酯	Copeland法	酞酸酯
32	84-74-2	邻苯二甲酸二丁酯	Copeland法	酞酸酯
33	84-69-5	邻苯二甲酸二异丁酯	Copeland法	酞酸酯
34	85-68-7	邻苯二甲酸丁基苄基酯	Copeland法	酞酸酯
35	117-84-0	邻苯二甲酸二正辛酯	Copeland法	酞酸酯
36	71751-41-2	阿维菌素	Copeland法	禽畜抗生素
37	114-07-8	红霉素	Copeland法	禽畜抗生素
38	53003-10-4	盐霉素	Copeland法	禽畜抗生素
39	1405-89-6	杆菌肽锌	Copeland法	禽畜抗生素

（c）单一指标比对法。将初筛名单中符合以下任一标准的农田有毒有害污染物纳入候选名单：一是满足国际癌症研究机构（IARC）致癌性类别1的污染物；二是满足《化学品分类和标签规范 第22部分：生殖细胞致突变性》（GB 30000.22—2013）中致突变性类别1A、类别1B（以下合称为类别1）的污染物；三是满足《化学品分类和标签规范 第24部分：生殖毒性》（GB 30000.24—2013）中生殖毒性类别1A、类别1B（以下合称为类别1）的污染物；四是满足《化学品分类

和标签规范 第 28 部分：对水生环境的危害》（GB 30000.28—2013）中急性水生危害类别 1 或长期水生危害类别 1 的污染物。

按单一指标标准比对法，共有 159 种农田有毒有害污染物进入候选名单，具体见表 10。

表 10 农田优先控制有毒有害污染物候选名单

序号	CAS	物质名称	方法	类型
1	1918-02-1	氨氯吡啶酸	单一指标比对法	农药
2	54-11-5	烟碱	单一指标比对法	农药
3	2597-03-7	稻丰散	单一指标比对法	农药
4	8018-01-7	代森锰锌	单一指标比对法	农药
5	100784-20-1	氯吡嘧磺隆	单一指标比对法	农药
6	101200-48-0	苯磺隆	单一指标比对法	农药
7	101463-69-8	氟虫脲	单一指标比对法	农药
8	1014-70-6	西草净	单一指标比对法	农药
9	103055-07-8	虱螨脲	单一指标比对法	农药
10	103361-09-7	丙炔氟草胺	单一指标比对法	农药
11	10380-28-6	喹啉铜	单一指标比对法	农药
12	104040-78-0	啶嘧磺隆	单一指标比对法	农药
13	104206-82-8	硝磺草酮	单一指标比对法	农药
14	105512-06-9	炔草酸	单一指标比对法	农药
15	10605-21-7	多菌灵	单一指标比对法	农药
16	107534-96-3	戊唑醇	单一指标比对法	农药
17	112410-23-8	虫酰肼	单一指标比对法	农药
18	114311-32-9	甲氧咪草烟	单一指标比对法	农药
19	114369-43-6	腈苯唑	单一指标比对法	农药
20	119-12-0	哒嗪硫磷	单一指标比对法	农药
21	119446-68-3	苯醚甲环唑	单一指标比对法	农药

序号	CAS	物质名称	方法	类型
22	119738-06-6	喹禾糠酯	单一指标比对法	农药
23	120116-88-3	氰霜唑	单一指标比对法	农药
24	12071-83-9	丙森锌	单一指标比对法	农药
25	120923-37-7	酰嘧磺隆	单一指标比对法	农药
26	120928-09-8	喹螨醚	单一指标比对法	农药
27	121-21-1	除虫菊素	单一指标比对法	农药
28	12122-67-7	代森锌	单一指标比对法	农药
29	121552-61-2	嘧菌环胺	单一指标比对法	农药
30	121-75-5	马拉硫磷	单一指标比对法	农药
31	122008-85-9	氰氟草酯	单一指标比对法	农药
32	122-34-9	西玛津	单一指标比对法	农药
33	122453-73-0	虫螨腈	单一指标比对法	农药
34	126801-58-9	乙氧磺隆	单一指标比对法	农药
35	128639-02-1	唑草酮	单一指标比对法	农药
36	129630-17-7	吡草醚	单一指标比对法	农药
37	131-72-6	硝苯菌酯	单一指标比对法	农药
38	1317-39-1	氧化亚铜	单一指标比对法	农药
39	131860-33-8	嘧菌酯	单一指标比对法	农药
40	133-06-2	克菌丹	单一指标比对法	农药
41	13356-08-6	苯丁锡	单一指标比对法	农药
42	134098-61-6	唑螨酯	单一指标比对法	农药
43	135319-73-2	氟环唑	单一指标比对法	农药
44	13593-03-8	喹硫磷	单一指标比对法	农药
45	13684-56-5	甜菜安	单一指标比对法	农药
46	13684-63-4	甜菜宁	单一指标比对法	农药
47	137-30-4	福美锌	单一指标比对法	农药
48	137-42-8	威百亩	单一指标比对法	农药
49	141517-21-7	肟菌酯	单一指标比对法	农药
50	143390-89-0	醚菌酯	单一指标比对法	农药

序号	CAS	物质名称	方法	类型
51	144171-61-9	茚虫威	单一指标比对法	农药
52	144550-36-7	甲基碘磺隆钠盐	单一指标比对法	农药
53	145701-23-1	双氟磺草胺	单一指标比对法	农药
54	14816-18-3	辛硫磷	单一指标比对法	农药
55	148-79-8	噻菌灵	单一指标比对法	农药
56	149877-41-8	联苯肼酯	单一指标比对法	农药
57	15263-53-3	杀螟丹	单一指标比对法	农药
58	153233-91-1	乙螨唑	单一指标比对法	农药
59	153719-23-4	噻虫嗪	单一指标比对法	农药
60	15545-48-9	绿麦隆	单一指标比对法	农药
61	155569-91-8	甲氨基阿维菌素苯甲酸盐	单一指标比对法	农药
62	1582-09-8	氟乐灵	单一指标比对法	农药
63	15972-60-8	甲草胺	单一指标比对法	农药
64	1689-84-5	溴苯腈	单一指标比对法	农药
65	1689-99-2	辛酰溴苯腈	单一指标比对法	农药
66	175013-18-0	吡唑醚菌酯	单一指标比对法	农药
67	178961-20-1	精异丙甲草胺	单一指标比对法	农药
68	1897-45-6	百菌清	单一指标比对法	农药
69	1918-16-7	毒草胺	单一指标比对法	农药
70	19666-30-9	噁草酮	单一指标比对法	农药
71	21087-64-9	嗪草酮	单一指标比对法	农药
72	210880-92-5	噻虫胺	单一指标比对法	农药
73	2212-67-1	禾草敌	单一指标比对法	农药
74	2303-17-5	野麦畏	单一指标比对法	农药
75	2310-17-0	伏杀硫磷	单一指标比对法	农药
76	23103-98-2	抗蚜威	单一指标比对法	农药
77	2312-35-8	炔螨特	单一指标比对法	农药

序号	CAS	物质名称	方法	类型
78	23184-66-9	丁草胺	单一指标比对法	农药
79	23564-05-8	甲基硫菌灵	单一指标比对法	农药
80	23950-58-5	炔苯酰草胺	单一指标比对法	农药
81	26087-47-8	异稻瘟净	单一指标比对法	农药
82	2631-40-5	异丙威	单一指标比对法	农药
83	2634-33-5	噻霉酮	单一指标比对法	农药
84	28249-77-6	禾草丹	单一指标比对法	农药
85	2893-78-9	二氯异氰尿酸钠	单一指标比对法	农药
86	29232-93-7	甲基嘧啶磷	单一指标比对法	农药
87	31895-21-3	杀虫环	单一指标比对法	农药
88	330-54-1	敌草隆	单一指标比对法	农药
89	33089-61-1	双甲脒	单一指标比对法	农药
90	3347-22-6	二氰蒽醌	单一指标比对法	农药
91	34123-59-6	异丙隆	单一指标比对法	农药
92	34256-82-1	乙草胺	单一指标比对法	农药
93	35554-44-0	抑霉唑	单一指标比对法	农药
94	36734-19-7	异菌脲	单一指标比对法	农药
95	3766-81-2	仲丁威	单一指标比对法	农药
96	39515-41-8	甲氰菊酯	单一指标比对法	农药
97	39807-15-3	丙炔噁草酮	单一指标比对法	农药
98	40487-42-1	二甲戊灵	单一指标比对法	农药
99	41083-11-8	三唑锡	单一指标比对法	农药
100	41198-08-7	丙溴磷	单一指标比对法	农药
101	49866-87-7	野燕枯	单一指标比对法	农药
102	50594-66-6	三氟羧草醚	单一指标比对法	农药
103	51218-49-6	丙草胺	单一指标比对法	农药
104	51235-04-2	环嗪酮	单一指标比对法	农药
105	52315-07-8	氯氰菊酯	单一指标比对法	农药

（续表）

序号	CAS	物质名称	方法	类型
106	52645-53-1	氯菊酯	单一指标比对法	农药
107	52-68-6	敌百虫	单一指标比对法	农药
108	52918-63-5	溴氰菊酯	单一指标比对法	农药
109	533-74-4	棉隆	单一指标比对法	农药
110	55-38-9	倍硫磷	单一指标比对法	农药
111	5598-13-0	甲基毒死蜱	单一指标比对法	农药
112	57018-04-9	甲基立枯磷	单一指标比对法	农药
113	58594-72-2	抑霉唑硫酸盐	单一指标比对法	农药
114	60207-90-1	丙环唑	单一指标比对法	农药
115	62-73-7	敌敌畏	单一指标比对法	农药
116	62924-70-3	氟节胺	单一指标比对法	农药
117	63-25-2	甲萘威	单一指标比对法	农药
118	66230-04-4	S-氰戊菊酯	单一指标比对法	农药
119	66246-88-6	戊菌唑	单一指标比对法	农药
120	67129-08-2	吡唑草胺	单一指标比对法	农药
121	67375-30-8	顺式氯氰菊酯	单一指标比对法	农药
122	68359-37-5	氟氯氰菊酯	单一指标比对法	农药
123	69327-76-0	噻嗪酮	单一指标比对法	农药
124	69806-50-4	吡氟禾草灵	单一指标比对法	农药
125	709-98-8	敌稗	单一指标比对法	农药
126	71751-41-2	阿维菌素	单一指标比对法	农药
127	732-11-6	亚胺硫磷	单一指标比对法	农药
128	73250-68-7	苯噻酰草胺	单一指标比对法	农药
129	74115-24-5	四螨嗪	单一指标比对法	农药
130	74222-97-2	甲嘧磺隆	单一指标比对法	农药
131	74223-64-6	甲磺隆	单一指标比对法	农药
132	76578-14-8	喹禾灵	单一指标比对法	农药
133	77182-82-2	草铵膦	单一指标比对法	农药

序号	CAS	物质名称	方法	类型
134	78587-05-0	噻螨酮	单一指标比对法	农药
135	79241-46-6	精吡氟禾草灵	单一指标比对法	农药
136	79622-59-6	氟啶胺	单一指标比对法	农药
137	80060-09-9	丁醚脲	单一指标比对法	农药
138	80844-07-1	醚菊酯	单一指标比对法	农药
139	81406-37-3	氯氟吡氧乙酸异辛酯	单一指标比对法	农药
140	82560-54-1	丙硫克百威	单一指标比对法	农药
141	82-68-8	五氯硝基苯	单一指标比对法	农药
142	834-12-8	莠灭净	单一指标比对法	农药
143	85-00-7	敌草快	单一指标比对法	农药
144	85509-19-9	氟硅唑	单一指标比对法	农药
145	86598-92-7	亚胺唑	单一指标比对法	农药
146	87392-12-9	异丙甲草胺	单一指标比对法	农药
147	88671-89-0	腈菌唑	单一指标比对法	农药
148	900-95-8	三苯基乙酸锡	单一指标比对法	农药
149	91465-08-6	高效氯氟氰菊酯	单一指标比对法	农药
150	94361-06-5	环丙唑醇	单一指标比对法	农药
151	95737-68-1	吡丙醚	单一指标比对法	农药
152	96489-71-3	哒螨灵	单一指标比对法	农药
153	98886-44-3	噻唑膦	单一指标比对法	农药
154	99105-77-8	磺草酮	单一指标比对法	农药
155	117-81-7	邻苯二甲酸二（2-乙基）己酯	单一指标比对法	酞酸酯
156	84-69-5	邻苯二甲酸二异丁酯	单一指标比对法	酞酸酯
157	84-74-2	邻苯二甲酸二丁酯	单一指标比对法	酞酸酯
158	84-75-3	邻苯二甲酸二己酯	单一指标比对法	酞酸酯
159	85-68-7	邻苯二甲酸丁基苄基酯	单一指标比对法	酞酸酯

（d）综合评分法。综合评分法是指按照不同评价标准对筛选指标进行分级赋分的筛选方法，具体分级标准见附录1。每一种污染的环境暴露分值（EXS）、环境危害分值（EHS）和人体健康危害分值（HHS）按照式（1）至式（4）计算，最终获得每个物质的暴露分值和危害分值，通过风险矩阵评估确定优先控制物质。

农药环境暴露分值计算公式如式（1）所示：

$$EXS = \frac{UA+UM+UF+RN}{4} \quad\quad (1)$$

式中，UA 为施药量平均值分值；UM 为施用方法分值；UF 为施用次数分值；RN 为登记数量分值。

酞酸酯和禽畜抗生素、激素环境暴露分值计算公式如式（2）所示：

$$EXS = \frac{PU+PUP+P+U}{4} \qu\quad (2)$$

式中，PU 为生产使用企业数量分值；PUP 为生产使用企业涉及省份数量分值；P 为生产量分值；U 为使用量分值。

环境危害分值计算公式如式（3）所示：

$$EHS = \frac{\dfrac{T_{慢}+P+B}{3}+T_{急}}{2} \qu\quad (3)$$

式中，$T_{慢}$ 为水生环境长期毒性分值；P 为持久性分值；B 为生物蓄积性分值；$T_{急}$ 为水生环境急性毒性分值。

人体健康危害分值计算公式如式（4）所示：

$$HHS=\frac{C+M+R+\dfrac{SSE+SRE}{2}}{4} \qquad (4)$$

式中，C 为致癌性分值；M 为致突变性分值；R 为生殖毒性分值；SSE 为特异性靶器官一次接触毒性分值；SRE 为特异性靶器官反复接触毒性分值。

将农田有毒有害污染物的综合评分总分值从高到低排序，通过风险矩阵分析方法筛选出需要纳入候选名单的污染物，农药类有毒有害污染物具体风险矩阵评估如表 11 所示。

表 11　农药类有毒有害污染物风险矩阵评估表

危害总分值	4.5~6	中	中	高	高
	3~4.5	低	中	中	高
	1.5~3	低	低	中	中
	0~1.5	低	低	低	中
	0	0~1	1~2	2~3	3~4
	暴露总分值				

酞酸酯类和禽畜抗生素激素类有毒有害污染物风险矩阵评估如表 12 所示。

表 12　酞酸酯类和禽畜抗生素激素类有毒有害污染物风险矩阵评估表

危害总分值	4.8~6	中	中	高	高	高
	3.6~4.8	低	中	中	高	高
	2.4~3.6	低	低	中	中	高
	1.2~2.4	低	低	低	中	中
	0~1.2	低	低	低	低	中
	0	0~1	1~2	2~3	3~4	4~5
	暴露总分值					

本研究将潜在中风险和潜在高风险的农田有毒有害污染物纳入候选名单。

按综合评分法，共有 103 种农田有毒有害污染物纳入候选名单，具体见表 13。

表 13　农田优先控制有毒有害污染物候选名单

序号	CAS	化学物质名称	方法	类型
1	2597-03-7	稻丰散	综合评分法	农药
2	8018-01-7	代森锰锌	综合评分法	农药
3	10004-44-1	噁霉灵	综合评分法	农药
4	101463-69-8	氟虫脲	综合评分法	农药
5	104206-82-8	硝磺草酮	综合评分法	农药
6	105827-78-9	吡虫啉	综合评分法	农药
7	10605-21-7	多菌灵	综合评分法	农药
8	1071-83-6	草甘膦	综合评分法	农药
9	107534-96-3	戊唑醇	综合评分法	农药
10	119-12-0	哒嗪硫磷	综合评分法	农药
11	119446-68-3	苯醚甲环唑	综合评分法	农药
12	119738-06-6	喹禾糠酯	综合评分法	农药
13	12071-83-9	丙森锌	综合评分法	农药
14	12122-67-7	代森锌	综合评分法	农药
15	121-75-5	马拉硫磷	综合评分法	农药
16	122-34-9	西玛津	综合评分法	农药
17	122453-73-0	虫螨腈	综合评分法	农药
18	1317-39-1	氧化亚铜	综合评分法	农药
19	131860-33-8	嘧菌酯	综合评分法	农药
20	133-06-2	克菌丹	综合评分法	农药
21	13593-03-8	喹硫磷	综合评分法	农药

序号	CAS	化学物质名称	方法	类型
22	137-30-4	福美锌	综合评分法	农药
23	137-42-8	威百亩	综合评分法	农药
24	140-56-7	敌磺钠	综合评分法	农药
25	143390-89-0	醚菌酯	综合评分法	农药
26	144171-61-9	茚虫威	综合评分法	农药
27	14816-18-3	辛硫磷	综合评分法	农药
28	148-79-8	噻菌灵	综合评分法	农药
29	149877-41-8	联苯肼酯	综合评分法	农药
30	15263-53-3	杀螟丹	综合评分法	农药
31	153719-23-4	噻虫嗪	综合评分法	农药
32	15545-48-9	绿麦隆	综合评分法	农药
33	155569-91-8	甲氨基阿维菌素苯甲酸盐	综合评分法	农药
34	1582-09-8	氟乐灵	综合评分法	农药
35	15972-60-8	甲草胺	综合评分法	农药
36	16672-87-0	乙烯利	综合评分法	农药
37	175013-18-0	吡唑醚菌酯	综合评分法	农药
38	178961-20-1	精异丙甲草胺	综合评分法	农药
39	1897-45-6	百菌清	综合评分法	农药
40	1918-16-7	毒草胺	综合评分法	农药
41	19666-30-9	噁草酮	综合评分法	农药
42	2212-67-1	禾草敌	综合评分法	农药
43	2310-17-0	伏杀硫磷	综合评分法	农药
44	2312-35-8	炔螨特	综合评分法	农药
45	23184-66-9	丁草胺	综合评分法	农药
46	23564-05-8	甲基硫菌灵	综合评分法	农药
47	23950-58-5	炔苯酰草胺	综合评分法	农药
48	25606-41-1	霜霉威盐酸盐	综合评分法	农药
49	26087-47-8	异稻瘟净	综合评分法	农药

序号	CAS	化学物质名称	方法	类型
50	2631-40-5	异丙威	综合评分法	农药
51	28249-77-6	禾草丹	综合评分法	农药
52	2893-78-9	二氯异氰尿酸钠	综合评分法	农药
53	31895-21-3	杀虫环	综合评分法	农药
54	330-54-1	敌草隆	综合评分法	农药
55	333-41-5	二嗪磷	综合评分法	农药
56	3347-22-6	二氰蒽醌	综合评分法	农药
57	34256-82-1	乙草胺	综合评分法	农药
58	35554-44-0	抑霉唑	综合评分法	农药
59	36734-19-7	异菌脲	综合评分法	农药
60	3766-81-2	仲丁威	综合评分法	农药
61	38641-94-0	草甘膦异丙胺盐	综合评分法	农药
62	39515-41-8	甲氰菊酯	综合评分法	农药
63	40487-42-1	二甲戊灵	综合评分法	农药
64	41083-11-8	三唑锡	综合评分法	农药
65	41394-05-2	苯嗪草酮	综合评分法	农药
66	50512-35-1	稻瘟灵	综合评分法	农药
67	51218-49-6	丙草胺	综合评分法	农药
68	51235-04-2	环嗪酮	综合评分法	农药
69	52315-07-8	氯氰菊酯	综合评分法	农药
70	52-68-6	敌百虫	综合评分法	农药
71	52918-63-5	溴氰菊酯	综合评分法	农药
72	533-74-4	棉隆	综合评分法	农药
73	55-38-9	倍硫磷	综合评分法	农药
74	5598-13-0	甲基毒死蜱	综合评分法	农药
75	60207-90-1	丙环唑	综合评分法	农药
76	62-73-7	敌敌畏	综合评分法	农药
77	63-25-2	甲萘威	综合评分法	农药

序号	CAS	化学物质名称	方法	类型
78	65731-84-2	高效氯氰菊酯	综合评分法	农药
79	66230-04-4	S-氰戊菊酯	综合评分法	农药
80	67375-30-8	顺式氯氰菊酯	综合评分法	农药
81	67747-09-5	咪鲜胺	综合评分法	农药
82	68359-37-5	氟氯氰菊酯	综合评分法	农药
83	69327-76-0	噻嗪酮	综合评分法	农药
84	71751-41-2	阿维菌素	综合评分法	农药
85	732-11-6	亚胺硫磷	综合评分法	农药
86	74222-97-2	甲嘧磺隆	综合评分法	农药
87	79622-59-6	氟啶胺	综合评分法	农药
88	80060-09-9	丁醚脲	综合评分法	农药
89	80844-07-1	醚菊酯	综合评分法	农药
90	82-68-8	五氯硝基苯	综合评分法	农药
91	834-12-8	莠灭净	综合评分法	农药
92	86598-92-7	亚胺唑	综合评分法	农药
93	87392-12-9	异丙甲草胺	综合评分法	农药
94	88671-89-0	腈菌唑	综合评分法	农药
95	900-95-8	三苯基乙酸锡	综合评分法	农药
96	91465-08-6	高效氯氟氰菊酯	综合评分法	农药
97	96489-71-3	哒螨灵	综合评分法	农药
98	98886-44-3	噻唑膦	综合评分法	农药
99	117-81-7	邻苯二甲酸二（2-乙基）己酯	综合评分法	酞酸酯
100	117-84-0	邻苯二甲酸二正辛酯	综合评分法	酞酸酯
101	84-69-5	邻苯二甲酸二异丁酯	综合评分法	酞酸酯
102	84-74-2	邻苯二甲酸二丁酯	综合评分法	酞酸酯
103	85-68-7	邻苯二甲酸丁基苄基酯	综合评分法	酞酸酯

通过比较四种基于风险的筛选方法可知，综合评分法和SVHC方法对污染物的筛选指标进行了分级赋值，相对于其他筛选方法受主观因素影响，但考虑到不同筛选指标对潜在风险的影响程度；Copeland法和单一指标比对法直接对污染物筛选指标的数值进行比较，相比之下较为客观，但没有考虑到筛选指标对污染物潜在风险的影响程度，见表14。

表14　四种筛选方案的结果比对

筛选方法	农药类污染物（种）	酞酸酯类污染物（种）	禽畜抗生素类污染物（种）	禽畜激素类污染物（种）
SVHC法	29	4	1	0
Copeland法	30	5	4	0
单一指标比对法	154	5	0	0
综合评分法	98	5	0	0

由于农药类污染物的生产使用数据不完善，选择了施用方式、施用量平均值、施用次数、登记数量作为农药类污染物暴露指标。相比农药类污染物，选择了生产量、使用量、生产使用涉及企业数量、生产使用涉及省份数量作为酞酸酯及禽畜抗生素、激素类污染物的暴露指标。通过单一指标比对法筛选的结果发现，酞酸酯类和禽畜抗生素、激素类污染物相对于农药类污染物环境危害和人体健康危害较小，单一指标比对法不适合筛选酞酸酯类和禽畜抗生素、激素类污染物。

综合考虑，综合评分法更适合农药类污染物的筛选，SVHC法更适合酞酸酯类、禽畜抗生素、激素类污染物的筛选，但综合评分法和SVHC法相对Copeland法和单一指标比对法主观性较强，为提高筛选的结果合理性，选择使用综合评分法和单一指标比对法筛选农药类污染物，选择使用 SVHC 法和 Copeland 法筛选酞酸酯类和禽畜抗生素、激素类污染物，最终将两种方法筛选出的相同污染物直接纳入候选名单。

通过"直通车法"和基于风险的筛选方法共筛选出 125 种农田有毒有害污染物，具体见表 15。

表 15　农田优先控制有毒有害污染物候选名单

序号	CAS 号	化学物质名称	污染物类型	筛选方法
1	2597-03-7	稻丰散	农药	综合评分法 + 单一指标比对法
2	8018-01-7	代森锰锌	农药	综合评分法 + 单一指标比对法
3	101463-69-8	氟虫脲	农药	综合评分法 + 单一指标比对法
4	104206-82-8	硝磺草酮	农药	综合评分法 + 单一指标比对法
5	10605-21-7	多菌灵	农药	综合评分法 + 单一指标比对法
6	107534-96-3	戊唑醇	农药	综合评分法 + 单一指标比对法
7	119-12-0	哒嗪硫磷	农药	综合评分法 + 单一指标比对法
8	119446-68-3	苯醚甲环唑	农药	综合评分法 + 单一指标比对法
9	119738-06-6	喹禾糠酯	农药	综合评分法 + 单一指标比对法
10	12071-83-9	丙森锌	农药	综合评分法 + 单一指标比对法

序号	CAS 号	化学物质名称	污染物类型	筛选方法
11	12122-67-7	代森锌	农药	综合评分法＋单一指标比对法
12	121-75-5	马拉硫磷	农药	综合评分法＋单一指标比对法
13	122-34-9	西玛津	农药	综合评分法＋单一指标比对法
14	122453-73-0	虫螨腈	农药	综合评分法＋单一指标比对法
15	1317-39-1	氧化亚铜	农药	综合评分法＋单一指标比对法
16	131860-33-8	嘧菌酯	农药	综合评分法＋单一指标比对法
17	133-06-2	克菌丹	农药	综合评分法＋单一指标比对法
18	13593-03-8	喹硫磷	农药	综合评分法＋单一指标比对法
19	137-30-4	福美锌	农药	综合评分法＋单一指标比对法
20	137-42-8	威百亩	农药	综合评分法＋单一指标比对法
21	143390-89-0	醚菌酯	农药	综合评分法＋单一指标比对法
22	144171-61-9	茚虫威	农药	综合评分法＋单一指标比对法
23	14816-18-3	辛硫磷	农药	综合评分法＋单一指标比对法
24	148-79-8	噻菌灵	农药	综合评分法＋单一指标比对法
25	149877-41-8	联苯肼酯	农药	综合评分法＋单一指标比对法

（续表）

序号	CAS 号	化学物质名称	污染物类型	筛选方法
26	15263-53-3	杀螟丹	农药	综合评分法＋单一指标比对法
27	153719-23-4	噻虫嗪	农药	综合评分法＋单一指标比对法
28	15545-48-9	绿麦隆	农药	综合评分法＋单一指标比对法
29	155569-91-8	甲氨基阿维菌素苯甲酸盐	农药	综合评分法＋单一指标比对法
30	1582-09-8	氟乐灵	农药	综合评分法＋单一指标比对法
31	15972-60-8	甲草胺	农药	综合评分法＋单一指标比对法
32	175013-18-0	吡唑醚菌酯	农药	综合评分法＋单一指标比对法
33	178961-20-1	精异丙甲草胺	农药	综合评分法＋单一指标比对法
34	1897-45-6	百菌清	农药	综合评分法＋单一指标比对法
35	1918-16-7	毒草胺	农药	综合评分法＋单一指标比对法
36	19666-30-9	噁草酮	农药	综合评分法＋单一指标比对法
37	2212-67-1	禾草敌	农药	综合评分法＋单一指标比对法
38	2310-17-0	伏杀硫磷	农药	综合评分法＋单一指标比对法
39	2312-35-8	炔螨特	农药	综合评分法＋单一指标比对法

（续表）

序号	CAS号	化学物质名称	污染物类型	筛选方法
40	23184-66-9	丁草胺	农药	综合评分法＋单一指标比对法
41	23564-05-8	甲基硫菌灵	农药	综合评分法＋单一指标比对法
42	23950-58-5	炔苯酰草胺	农药	综合评分法＋单一指标比对法
43	26087-47-8	异稻瘟净	农药	综合评分法＋单一指标比对法
44	2631-40-5	异丙威	农药	综合评分法＋单一指标比对法
45	28249-77-6	禾草丹	农药	综合评分法＋单一指标比对法
46	2893-78-9	二氯异氰尿酸钠	农药	综合评分法＋单一指标比对法
47	31895-21-3	杀虫环	农药	综合评分法＋单一指标比对法
48	330-54-1	敌草隆	农药	综合评分法＋单一指标比对法
49	3347-22-6	二氰蒽醌	农药	综合评分法＋单一指标比对法
50	34256-82-1	乙草胺	农药	综合评分法＋单一指标比对法
51	35554-44-0	抑霉唑	农药	综合评分法＋单一指标比对法
52	36734-19-7	异菌脲	农药	综合评分法＋单一指标比对法
53	3766-81-2	仲丁威	农药	综合评分法＋单一指标比对法

（续表）

序号	CAS 号	化学物质名称	污染物类型	筛选方法
54	39515-41-8	甲氰菊酯	农药	综合评分法＋单一指标比对法
55	40487-42-1	二甲戊灵	农药	综合评分法＋单一指标比对法
56	41083-11-8	三唑锡	农药	综合评分法＋单一指标比对法
57	51218-49-6	丙草胺	农药	综合评分法＋单一指标比对法
58	51235-04-2	环嗪酮	农药	综合评分法＋单一指标比对法
59	52315-07-8	氯氰菊酯	农药	综合评分法＋单一指标比对法
60	52-68-6	敌百虫	农药	综合评分法＋单一指标比对法
61	52918-63-5	溴氰菊酯	农药	综合评分法＋单一指标比对法
62	533-74-4	棉隆	农药	综合评分法＋单一指标比对法
63	55-38-9	倍硫磷	农药	综合评分法＋单一指标比对法
64	5598-13-0	甲基毒死蜱	农药	综合评分法＋单一指标比对法
65	60207-90-1	丙环唑	农药	综合评分法＋单一指标比对法
66	62-73-7	敌敌畏	农药	综合评分法＋单一指标比对法
67	63-25-2	甲萘威	农药	综合评分法＋单一指标比对法
68	66230-04-4	S-氰戊菊酯	农药	综合评分法＋单一指标比对法

（续表）

序号	CAS 号	化学物质名称	污染物类型	筛选方法
69	67375-30-8	顺式氯氰菊酯	农药	综合评分法＋单一指标比对法
70	68359-37-5	氟氯氰菊酯	农药	综合评分法＋单一指标比对法
71	69327-76-0	噻嗪酮	农药	综合评分法＋单一指标比对法
72	71751-41-2	阿维菌素	农药	综合评分法＋单一指标比对法
73	732-11-6	亚胺硫磷	农药	综合评分法＋单一指标比对法
74	74222-97-2	甲嘧磺隆	农药	综合评分法＋单一指标比对法
75	79622-59-6	氟啶胺	农药	综合评分法＋单一指标比对法
76	80060-09-9	丁醚脲	农药	综合评分法＋单一指标比对法
77	80844-07-1	醚菊酯	农药	综合评分法＋单一指标比对法
78	82-68-8	五氯硝基苯	农药	综合评分法＋单一指标比对法
79	834-12-8	莠灭净	农药	综合评分法＋单一指标比对法
80	86598-92-7	亚胺唑	农药	综合评分法＋单一指标比对法
81	87392-12-9	异丙甲草胺	农药	综合评分法＋单一指标比对法
82	88671-89-0	腈菌唑	农药	综合评分法＋单一指标比对法
83	900-95-8	三苯基乙酸锡	农药	综合评分法＋单一指标比对法

（续表）

序号	CAS 号	化学物质名称	污染物类型	筛选方法
84	91465-08-6	高效氯氟氰菊酯	农药	综合评分法＋单一指标比对法
85	96489-71-3	哒螨灵	农药	综合评分法＋单一指标比对法
86	98886-44-3	噻唑膦	农药	综合评分法＋单一指标比对法
87	298-02-2	甲拌磷	农药	直通车法
88	99675-03-3	甲基异柳磷	农药	直通车法
89	1563-66-2	克百威	农药	直通车法
90	76-06-2	氯化苦	农药	直通车法
91	59669-26-0	灭多威	农药	直通车法
92	13194-48-4	灭线磷	农药	直通车法
93	116-06-3	涕灭威	农药	直通车法
94	74-83-9	溴甲烷	农药	直通车法
95	1113-02-6	氧乐果	农药	直通车法
96	4685-14-7	百草枯	农药	直通车法
97	94-80-4	2,4-滴丁酯	农药	直通车法
98	55285-14-8	丁硫克百威	农药	直通车法
99	1596-84-5	丁酰肼	农药	直通车法
100	2921-88-2	毒死蜱	农药	直通车法
101	272451-65-7	氟苯虫酰胺	农药	直通车法
102	120068-37-3	氟虫腈	农药	直通车法
103	60-51-5	乐果	农药	直通车法
104	51630-58-1	氰戊菊酯	农药	直通车法
105	24017-47-8	三唑磷	农药	直通车法
106	24353-61-5	水胺硫磷	农药	直通车法
107	30560-19-1	乙酰甲胺磷	农药	直通车法
108	17804-35-2	苯菌灵	农药	直通车法

序号	CAS号	化学物质名称	污染物类型	筛选方法
109	137-26-8	福美双	农药	直通车法
110	117-81-7	邻苯二甲酸二（2-乙基）己酯	酞酸酯	SVHC法+Copeland法
111	117-84-0	邻苯二甲酸二正辛酯	酞酸酯	SVHC法+Copeland法
112	84-69-5	邻苯二甲酸二异丁酯	酞酸酯	SVHC法+Copeland法
113	84-74-2	邻苯二甲酸二丁酯	酞酸酯	SVHC法+Copeland法
114	71751-41-2	阿维菌素	禽畜抗生素	SVHC法+Copeland法
115	57-85-2	丙酸睾酮	禽畜激素	直通车法
116	62-90-8	苯丙酸诺龙	禽畜激素	直通车法
117	50-50-0	苯甲酸雌二醇	禽畜激素	直通车法
118	56-53-1	己烯雌酚	禽畜激素	直通车法
119	57-91-0	雌二醇	禽畜激素	直通车法
120	979-32-8	戊酸雌二醇	禽畜激素	直通车法
121	569-57-3	氯烯雌醚	禽畜激素	直通车法
122	1231-93-2	炔诺醇	禽畜激素	直通车法

（续表）

序号	CAS 号	化学物质名称	污染物类型	筛选方法
123	302-22-7	醋酸氯地孕酮	禽畜激素	直通车法
124	797-63-7	左炔诺孕酮	禽畜激素	直通车法
125	68-22-4	炔诺酮	禽畜激素	直通车法

5.3.3 建立优控名单

从农田优先控制有毒有害污染物候选名单到建立农田优先控制有毒有害污染物名单，将对候选名单中的物质开展可控性评估，主要以是否有环境质量限值标准、国际上管控情况、我国管控情况、是否在我国环境中有检出为评估标准，具体如下。

（1）已规定环境检出标准值（或限值）的污染物。通过"直通车"法和基于风险的筛选方法共筛选出的农田优先控制有毒有害污染物候选名单中包括 109 种农药、4 种酞酸酯、1 种禽畜抗生素和 11 种禽畜激素，我国目前并没有针对这些农田有毒有害污染物制订土壤环境质量限值，但这些农田有毒有害污染物会通过雨水冲刷、地表径流、渗透等途径进入到地下水和地表水中，对我国水环境质量造成严重影响，因此候选名单中的物质在《地表水环境质量标准》（GB/T 3838—2002）《地下水质量标准》（GB/T 14848—2017）《海水水质标准》（GB 3097—1997）《农田灌溉水质标准》（GB 5084—2005）《渔业水质标准》（GB/T 11607—1989）《生活饮用水卫

生标准》（GB/T 5749—2006）中已规定标准值（或限值）的将
优先考虑纳入优控名单，见表 16。水环境质量标准见附录 2。

表 16　国家标准已规定标准值（或限值）的农田有毒有害污染物

序号	CAS 号	化学物质名称	筛选方法	标准
1	121-75-5	马拉硫磷	综合评分法＋单一指标比对法	《地下水质量标准》（GB/T14848—2017）《渔业水质标准》（GB/T11607—1989）《生活饮用水卫生标准》（GB/T5749—2006）《地表水环境质量标准》（GB/T3838—2002）《海水水质标准》（GB 3097—1997）
2	1897-45-6	百菌清	综合评分法＋单一指标比对法	《地下水质量标准》（GB/T14848—2017）《生活饮用水卫生标准》（GB/T5749—2006）《地表水环境质量标准》（GB/T3838—2002）
3	52-68-6	敌百虫	综合评分法＋单一指标比对法	《地表水环境质量标准》（GB/T3838—2002）
4	52918-63-5	溴氰菊酯	综合评分法＋单一指标比对法	《生活饮用水卫生标准》（GB/T5749—2006）《地表水环境质量标准》（GB/T3838—2002）

（续表）

序号	CAS号	化学物质名称	筛选方法	标准
5	62-73-7	敌敌畏	综合评分法+单一指标比对法	《地下水质量标准》（GB/T14848—2017）《生活饮用水卫生标准》（GB/T5749—2006）《地表水环境质量标准》（GB/T3838—2002）
6	63-25-2	甲萘威	综合评分法+单一指标比对法	《地表水环境质量标准》（GB/T3838—2002）
7	1563-66-2	克百威	直通车法	《地下水质量标准》（GB/T14848—2017）
8	116-06-3	涕灭威	直通车法	《地下水质量标准》（GB/T14848—2017）
9	2921-88-2	毒死蜱	直通车法	《地下水质量标准》（GB/T14848—2017）《生活饮用水卫生标准》（GB/T5749—2006）
10	60-51-5	乐果	直通车法	《地下水质量标准》（GB/T14848—2017）《渔业水质标准》（GB/T11607—1989）《生活饮用水卫生标准》（GB/T5749—2006）《地表水环境质量标准》（GB/T3838—2002）

（续表）

序号	CAS 号	化学物质名称	筛选方法	标准
11	117-81-7	邻苯二甲酸二(2-乙基)己酯	SVHC 法 + Copeland 法	《地下水质量标准》(GB/T14848—2017) 《生活饮用水卫生标准》(GB/T5749—2006) 《地表水环境质量标准》(GB/T3838—2002)
12	84-74-2	邻苯二甲酸二丁酯	SVHC 法 + Copeland 法	《地表水环境质量标准》(GB/T3838—2002)

（2）发达国家已管控的污染物。欧盟、美国等发达国家和地区在有毒有害污染物管控方面研究较早，但也没有制定过农田优先控制有毒有害污染物清单，美国和欧盟均已发布过水环境优先控制污染物名录，以降低污染物对水环境的影响。而农田有毒有害物质被使用到农田中后很可能进入到水环境中，对水生生物造成影响，因此候选名单中的物质在《美国水环境优先污染物名录》和《欧盟水环境优先物质名录》中的优先考虑纳入优控名单，见表 17。名录见附录 3。发达国家水环境优先物质。

表 17　发达国家已管控的农田有毒有害污染物

序号	CAS 号	化学物质名称	筛选方法	来源
1	122-34-9	西玛津	综合评分法 + 单一指标比对法	《欧盟水环境优先物质名录》

（续表）

序号	CAS 号	化学物质名称	筛选方法	来源
2	1582-09-8	氟乐灵	综合评分法 + 单一指标比对法	《欧盟水环境优先物质名录》
3	15972-60-8	甲草胺	综合评分法 + 单一指标比对法	《欧盟水环境优先物质名录》
4	330-54-1	敌草隆	综合评分法 + 单一指标比对法	《欧盟水环境优先物质名录》
5	52315-07-8	氯氰菊酯	综合评分法 + 单一指标比对法	《欧盟水环境优先物质名录》
6	62-73-7	敌敌畏	综合评分法 + 单一指标比对法	《欧盟水环境优先物质名录》
7	74-83-9	溴甲烷	直通车法	《美国水环境优先污染物名录》
8	2921-88-2	毒死蜱	直通车法	《欧盟水环境优先物质名录》
9	117-81-7	邻苯二甲酸二（2-乙基己基）酯	SVHC 法 + Copeland 法	《欧盟水环境优先物质名录》《美国水环境优先污染物名录》
10	117-84-0	邻苯二甲酸二正辛酯	SVHC 法 + Copeland 法	《美国水环境优先污染物名录》
11	84-74-2	邻苯二甲酸二丁酯	SVHC 法 + Copeland 法	《美国水环境优先污染物名录》

（3）我国已管控的污染物。2018 年 6 月，《中共中央国务院关于全面加强生态环境保护坚决打好污染防治攻坚战的意见》要求"评估有毒有害化学品在生态环境中的风险状况，严格限制高风险化学品生产、使用、进出口，并逐步淘汰、替

代"。为此，生态环境部会同工业和信息化部、卫生健康委组织生态环境部固体废物与化学品管理技术中心等单位，开展现有化学物质环境风险评估，重点关注环境和健康危害较大、环境中可能长期存在的，并可能对生态环境和人体健康存在不合理风险的化学物质。2017 年 12 月，环境保护部会同工业和信息化部和国家卫生和计划生育委员会发布《优先控制化学品名录（第一批）》。2020 年 4 月，生态环境部联合工业和信息化部和卫生健康委发布《优先控制化学品名录（第二批）（征求意见稿）》。凡是被列入《优先控制化学品名录（第一批）》和《优先控制化学品名录（第二批）（征求意见稿）》的污染物优先考虑纳入优控名单，见表 18。我国优先控制化学品名录见附录 4。

表 18 《优先控制化学品名录》中的农田有毒有害污染物

序号	CAS 号	化学物质名称	筛选方法	来源
1	117-81-7	邻苯二甲酸二 (2- 乙基己基) 酯	SVHC 法 + Copeland 法	《优先控制化学品名录（第二批）（征求意见稿）》
2	84-69-5	邻苯二甲酸二异丁酯	SVHC 法 + Copeland 法	《优先控制化学品名录（第二批）（征求意见稿）》
3	84-74-2	邻苯二甲酸二丁酯	SVHC 法 + Copeland 法	《优先控制化学品名录（第二批）（征求意见稿）》

（4）在我国农田土壤环境中有检出。通过收集 2000—2018 年有关的科研文献，统计出农药类、酞酸酯类、禽畜抗生素、激素类有毒有害污染物在我国农田土壤实际检出情况，凡是在（1）至（3）中的农田有毒有害污染物并且在我国农田土壤环境中有检出的污染物直接纳入优控名单，最终建立包含 19 种物质的农田优先控制有毒有害污染物名单，见表 19。

表 19　农田优先控制有毒有害物质清单

序号	CAS 号	化学物质名称	筛选方法	来源
1	116-06-3	涕灭威	直通车法	《地下水质量标准》（GB/T14848—2017）
2	121-75-5	马拉硫磷	综合评分法＋单一指标比对法	《地下水质量标准》（GB/T14848—2017）《渔业水质标准》（GB/T11607—1989）《生活饮用水卫生标准》（GB/T 5749—2006）《地表水环境质量标准》（GB/T 3838—2002）《海水水质标准》（GB 3097—1997）
3	122-34-9	西玛津	综合评分法＋单一指标比对法	《欧盟水环境优先物质名录》
4	1563-66-2	克百威	直通车法	《地下水质量标准》（GB/T14848—2017）
5	1582-09-8	氟乐灵	综合评分法＋单一指标比对法	《欧盟水环境优先物质名录》
6	15972-60-8	甲草胺	综合评分法＋单一指标比对法	《欧盟水环境优先物质名录》

（续表）

序号	CAS 号	化学物质名称	筛选方法	来源
7	1897-45-6	百菌清	综合评分法+单一指标比对法	《地下水质量标准》（GB/T14848—2017）《生活饮用水卫生标准》（GB/T5749—2006）《地表水环境质量标准》（GB/T3838—2002）
8	2921-88-2	毒死蜱	直通车法	《地下水质量标准》（GB/T14848—2017）《生活饮用水卫生标准》（GB/T5749—2006）《欧盟水环境优先物质名录》
9	330-54-1	敌草隆	综合评分法+单一指标比对法	《欧盟水环境优先物质名录》
10	52315-07-8	氯氰菊酯	综合评分法+单一指标比对法	《欧盟水环境优先物质名录》
11	52-68-6	敌百虫	综合评分法+单一指标比对法	《地表水环境质量标准》（GB/T3838—2002）
12	52918-63-5	溴氰菊酯	综合评分法+单一指标比对法	《生活饮用水卫生标准》（GB/T5749—2006）《地表水环境质量标准》（GB/T3838—2002）
13	60-51-5	乐果	直通车法	《地下水质量标准》（GB/T14848—2017）《渔业水质标准》（GB/T11607—1989）《生活饮用水卫生标准》（GB/T5749—2006）《地表水环境质量标准》（GB/T3838—2002）

（续表）

序号	CAS 号	化学物质名称	筛选方法	来源
14	62-73-7	敌敌畏	综合评分法＋单一指标比对法	《地下水质量标准》（GB/T14848—2017）《生活饮用水卫生标准》（GB/T5749—2006）《地表水环境质量标准》（GB/T3838—2002）《欧盟水环境优先物质名录》
15	63-25-2	甲萘威	综合评分法＋单一指标比对法	《地表水环境质量标准》（GB/T3838—2002）
16	117-81-7	邻苯二甲酸二（2-乙基）己酯	SVHC 法＋Copeland 法	《地下水质量标准》（GB/T14848—2017）《生活饮用水卫生标准》（GB/T5749—2006）《地表水环境质量标准》（GB/T3838—2002）《欧盟水环境优先物质名录》《美国水环境优先污染物名录》《优先控制化学品名录（第二批）（征求意见稿）》
17	117-84-0	邻苯二甲酸二正辛酯	SVHC 法＋Copeland 法	《美国水环境优先污染物名录》
18	84-69-5	邻苯二甲酸二异丁酯	SVHC 法＋Copeland 法	《优先控制化学品名录（第二批）（征求意见稿）》

序号	CAS 号	化学物质名称	筛选方法	来源
19	84-74-2	邻苯二甲酸二丁酯	SVHC 法 + Copeland 法	《地表水环境质量标准》（GB/T3838—2002）《美国水环境优先污染物名录》《优先控制化学品名录（第二批）（征求意见稿）》

附录1

综合评分法指标分级标准

参考澳大利亚有毒有害污染物筛选方法，在农田有毒有害污染物危害赋分方面，根据农田有毒有害污染物危害程度不同，按照从高到低进行分级赋分，由于选取的不同评价指标类别不同，无法使用统一量纲进行定量分析。因此对采用文献调研法和检索 HSDB 数据库、eChemPortal 数据库等获得的持久性、生物蓄积性数据按照《持久性、生物累积性和毒性物质及高持久性和高生物累积性物质的判定方法》（GB/T 24782—2009）进行分级量化赋分，其他危害指标数据按照我国《化学品分类和标签规范》（GB 30000）系列标准进行分级量化赋分，具体赋分标准见附表 1-1 和附表 1-2。

附表 1-1　农田有毒有害污染物环境危害指标分级赋分表

筛选指标	指标分级		分值
	分级依据	分级	
持久性（P）	《持久性、生物累积性和毒性物质及高持久性和高生物累积性物质的判定方法》（GB/T 24782—2009）	土壤降解半衰期 Day>180d	3
		120d < 土壤降解半衰期 Day ≤ 180d	2
		土壤降解半衰期 Day ≤ 120d	1

（续表）

筛选指标	指标分级		分值
	分级依据	分级	
生物蓄积性（B）	《持久性、生物累积性和毒性物质及高持久性和高生物累积性物质的判定方法》（GB/T 24782—2009）	BCF>5 000	3
		2 000<BCF ≤ 5 000	2
		BCF ≤ 2 000	1
危害水生环境（长期）	《化学品分类和标签规范》（GB 30000.28—2013）第28部分：对水生环境的危害	第1类	3
		第2类	2
		第3类	1
		第4类或无分类	0
危害水生环境（急性）	《化学品分类和标签规范》（GB 30000.28—2013）第28部分：对水生环境的危害	第1类	3
		第2类	2
		第3类	1
		无分类	0

附表1-2　农田有毒有害污染物健康危害指标分级赋分表

筛选指标	指标分级		分值
	分级依据	分级	
致癌性（C）	国际癌症研究机构（IARC）分类标准	1类	3
		2A类或2B类	2
		3类	1
		4类或无分类	0
生殖细胞致突变性（M）	《化学品分类和标签规范》（GB 30000.22—2013）第22部分：生殖细胞致突变性	第1A类	3
		第1B类	2
		第2类	1
		无分类	0
生殖毒性（R）	《化学品分类和标签规范》（GB 30000.24—2013）第24部分：生殖毒性	第1A类	3
		第1B类	2
		第2类	1
		无分类	0
特异性靶器官毒性（一次接触）	《化学品分类和标签规范》（GB 30000.25—2013）第25部分：特异性靶器官毒性一次接触	第1类	3
		第2类	2
		第3类	1
		无分类	0

（续表）

筛选指标	指标分级		分值
	分级依据	分级	
特异性靶器官毒性（反复接触）	《化学品分类和标签规范》（GB 30000.26—2013）第26部分：特异性靶器官毒性反复接触	第1类	3
		第2类	2
		第3类	1
		无分类	0

在农田有毒有害污染物暴露赋分方面，根据污染物潜在暴露程度不同，按照从高到低进行分级赋分，具体赋分标准见附表1-3。

附表1-3 农田有毒有害污染物暴露指标分级赋分表

筛选指标		指标分级		分值
		分级依据	分级	
农药	施用方法	—	灌根、灌淋、灌穴、浇灌法、土壤浇灌、苗床浇灌、泼浇、杯淋法、沟施、条施、穴施	4
			土壤处理、播后苗前土壤处理、移栽前土壤喷雾、苗后土壤喷雾、播后苗前土壤喷雾、土壤喷雾、地表喷雾、喷雾于播种穴、药土法、毒土法、甩施、撒施、苗床喷淋、苗床喷雾、苗床土壤处理、喷洒、点射	3
			喷粉、喷雾、茎叶定向喷雾、茎叶喷雾、定向喷雾、土壤熏蒸、熏蒸、熏蒸（纸箱）、点燃放烟、密闭熏蒸、瓶甩法	2
			种薯包衣、种子包衣、拌种法、浸种	1
			毒饵法、浸果、涂抹病斑、涂抹、拌粮法、饱和投饵	0

（续表）

筛选指标		指标分级		分值
		分级依据	分级	
农药	施药量平均值	—	施药量平均值 >1 249	4
			344< 施药量平均值 ≤ 1 249	3
			81< 施药量平均值 ≤ 344	2
			0< 施药量平均值 ≤ 81	1
			0	0
	施用次数	—	>3	4
			3	3
			2	2
			1	1
			0	0
	登记数量	—	>204	4
			89< 登记数量 ≤ 204	3
			31< 登记数量 ≤ 89	2
			0< 登记数量 ≤ 31	1
			0	0
酞酸酯、抗生素、激素	生产使用企业数量（家）	—	生产使用企业数 ≥ 100	5
			75 ≤生产使用企业数 <100	4
			50 ≤生产使用企业数 <75	3
			25 ≤生产使用企业数 <50	2
			1 ≤生产使用企业数 <25	1
			0	0
	生产使用涉及省份数量（个）	—	生产使用涉及省份数 ≥ 20	5
			15 ≤生产使用涉及省份数 <20	4
			10 ≤生产使用涉及省份数 <15	3
			5 ≤生产使用涉及省份数 <10	2
			1 ≤生产使用涉及省份数 <5	1
			0	0
	生产量（t/a）	《新化学物质危害评估导则》（HJ/T 154—2004）	≥ 10 000	5
			1000 ≤生产量 <10 000	4
			100 ≤生产量 <1 000	3
			10 ≤生产量 <100	2
			1 ≤生产量 <10	1
			<1	0

（续表）

筛选指标		指标分级		分值
		分级依据	分级	
酞酸酯、抗生素、激素	使用量（t/a）	《新化学物质危害评估导则》（HJ/T 154—2004）	≥ 10 000	5
			1 000 ≤使用量 <10 000	4
			100 ≤使用量 <1 000	3
			10 ≤使用量 <100	2
			1 ≤使用量 <10	1
			<1	0

在危害筛选指标方面，主要考虑人体健康和生态环境两个方面。在人体健康方面，将致癌性、致突变性、生殖毒性、特异性靶器官（一次接触）、特异性靶器官（反复接触）作为健康危害指标。在生态环境方面，将水生生物急、慢性毒性作为生态环境危害筛选指标。

（一）健康危害性

健康危害性中的致癌性采用国际癌症研究机构（IARC）的分类结果，其他危害性的分类及其分级均采用我国 GB 30000 系列标准，即化学品分类和标签规范中的标准。

1. 致癌性

类别	标准
1 类	对人致癌
2A 类	对人很可能致癌
2B 类	对人可能致癌
3 类	对人的致癌性尚无法分类，即可疑对人致癌
4 类	对人很可能不致癌
无分类	—

2. 生殖细胞致突变性

类别	标准
1A 类	已知引起人类生殖细胞可遗传突变的物质： 人类流行病学研究的阳性证据。
1B 类	认为可能引起人类生殖细胞可遗传突变的物质： （a）哺乳动物体内可遗传生殖细胞致突变性试验的阳性结果； （b）哺乳动物体内体细胞致突变性试验的阳性结果，结合一些证据表明该物质具有引起生殖细胞突变的可能。例如，这种支持性证据可来源于体内生殖细胞致突变性/生殖毒性试验，或证明物质或其代谢物有能力与生殖细胞的遗传物质相互作用； （c）从人类生殖细胞试验显示出致突变效应的阳性结果，而无需证明突变是否遗传给后代，例如，接触该物质的人群精子细胞的非整倍性频率增加。
2 类	由于可能导致人类生殖细胞可遗传突变而引起关注的物质： 哺乳动物实验得到阳性证据，和/或有时从一些体外试验中得到阳性证据，这些证据来自： （a）哺乳动物体内体细胞致突变性试验；或（b）得到体外致突变性试验的阳性结果支持的其他体内细胞遗传毒性试验。 注意：应将体外哺乳动物致突变性试验得到阳性结果，和已知生殖细胞致突变物有化学结构活性关系的化学品划为类别2致突变物。
无分类	—

3.生殖毒性

类别	标准
1A类	已知的人类生殖毒物。 将物质划为本类别主要根据人类证据。
1B类	推测可能的人类生殖毒物。 主要根据实验动物的数据。动物研究数据应提供明确的证据，表明在没有其他毒性效应的情况下，对性功能和生育能力或对发育有有害影响，或如果与其他毒性效应一起发生，对生殖的有害影响被认为不是其他毒性效应的非特异继发性结果。但是，当存在机械论信息怀疑该影响人类的相关性时，将其分类至类别2也许更合适。
2类	可疑的人类生殖毒物。 若有一些人类或试验动物证据（可能有其他信息作补充）表明在没有其他毒性效应的情况下，对性功能和生育能力或发育有有害影响，或者如果与其他毒性效应一起发生，但能确定对生殖的有害影响不是其他毒性效应的非特异继发性结果，而且没有充足证据支持分为类别1。例如，试验研究设计中存在欠缺，导致证据说服力较差。此时应将其分类于类别2可能更合适。
无分类	—

4.特异性靶器官毒性（一次接触）

类别	标准
1类	对人类产生显著毒性的物质，或者根据实验动物研究得到的证据，可假定在一次接触之后可能对人类产生显著毒性的物质。根据下面各项将物质划入类别1： 人类病例或流行病学研究得到的可靠和质量良好的证据； 适当的实验动物研究的观察结果。在试验中，在一般较低的接触浓度下产生了与人类健康有相关的显著和/或严重毒性效应，并参考如下指导剂量/浓度作为证据权重评估的一部分使用。 经口（大鼠）　　　　　$C \leqslant 300mg/kg$ 经皮肤（大鼠或兔）　　$C \leqslant 1\,000mg/kg$ 吸入气体（大鼠）　　　$C \leqslant 2.5mL/（1 \cdot 4h）$ 吸入蒸气（大鼠）　　　$C \leqslant 10mL/（1 \cdot 4h）$ 吸入粉尘/烟/雾（大鼠）$C \leqslant 1.0mL/（1 \cdot 4h）$

类别	标准
2类	根据实验动物研究的证据，可假定在一次接触之后可能对人类健康产生危害的物质。 可根据适当的实验动物研究的观察结果将物质划为类别2，一般在适度的接触浓度下产生与人类健康有相关性的显著和/或严重毒性效应。并参考如下指导剂量/浓度作为证据权重评估的一部分使用。

经口（大鼠）	300<C ≤ 2 000mg/kg
经皮肤（大鼠或兔）	1 000<C ≤ 2 000mg/kg
吸入气体（大鼠）	2.5<C ≤ 20mL/（1·4h）
吸入蒸气（大鼠）	10<C ≤ 20mL/（1·4h）
吸入粉尘/烟/雾（大鼠）	1.0<C ≤ 5mL/（1·4h）

类别	标准
3类	暂时性靶器官效应。
无分类	—

5. 特异性靶器官毒性（反复接触）

类别	标准
1类	对人类产生显著毒性的物质，或根据实验动物研究得到的证据，可假定在反复接触后有可能对人类产生显著毒性的物质。 根据下面各项将物质划入类别1： 人类病例或流行病学研究得到的可靠和质量良好的证据； 适当的实验动物研究的贯彻结果。在试验中，在一般较低的接触浓度下产生了与人类健康有相关性的显著和/或严重毒性效应，并参考如下指导剂量/浓度作为证据权重评估的一部分使用。

经口（大鼠）	C ≤ 10mg/（kg·d）
经皮肤（大鼠或兔）	C ≤ 20mg/（kg·d）
吸入气体（大鼠）	C ≤ 0.05（mL/L）/（6h/d）
吸入蒸气（大鼠）	C ≤ 0.2（mL/L）/（6h/d）
吸入粉尘/烟/雾（大鼠）	C ≤ 0.02（mL/L）/（6h/d）

类别	标准
2类	根据实验动物研究的证据，可假定在反复接触之后又可能危害人类健康的物质。 可根据适当的实验动物研究的观察结果将物质划为类别2。在试验中，一般在适度的接触浓度下产生与人类健康有相关性的显著和/或严重毒性效应。并参考如下指导剂量/浓度作为证据权重评估的一部分使用。

经口（大鼠）	$10 < C \leqslant 100\text{mg/(kg} \cdot \text{d)}$
经皮肤（大鼠或兔）	$20 < C \leqslant 200\text{mg/(kg} \cdot \text{d)}$
吸入气体（大鼠）	$0.05 < C \leqslant 0.25\text{(mL/L)/(6h/d)}$
吸入蒸气（大鼠）	$0.2 < C \leqslant 1.0\text{(mL/L)/(6h/d)}$
吸入粉尘/烟/雾（大鼠）	$0.02 < C \leqslant 0.2\text{(mL/L)/(6h/d)}$

无分类	—

（二）环境危害性

危害水生环境的分类及其分级采用《化学品分类和标签规范 第28部分：对水生环境的危害》（GB 30000.28—2013）中的标准。

1. 短期水生危害

急性类别1：		
96 小时 LC_{50}（鱼类）	$\leqslant 1$ mg/L	和/或
48 小时 EC_{50}（甲壳纲）	$\leqslant 1$ mg/L	和/或
72 或 96 小时 ErC_{50}（藻类或其他水生植物）	$\leqslant 1$ mg/L	
急性类别2：		
96 小时 LC_{50}（鱼类）	>1 mg/L 且 $\leqslant 10$ mg/L	和/或
48 小时 EC_{50}（甲壳纲）	>1 mg/L 且 $\leqslant 10$ mg/L	和/或

（续表）

72 或 96 小时 ErC_{50}（藻类或其他水生植物）	>1 mg/L 且 ≤ 10 mg/L	
急性类别 3：		
96 小时 LC_{50}（鱼类）	>10mg/L 且 ≤ 100 mg/L	和 / 或
48 小时 EC_{50}（甲壳纲）	>10mg/L 且 ≤ 100 mg/L	和 / 或
72 或 96 小时 ErC_{50}（藻类或其他水生植物）	>10mg/L 且 ≤ 100 mg/L	

2. 长期水生危害

（1）已掌握充分的慢性毒性数据的不能快速降解的物质		
慢性类别 1：		
慢性 NOEC 或 ECx（鱼类）	≤ 0.1 mg/L	和 / 或
慢性 NOEC 或 ECx（甲壳纲）	≤ 0.1 mg/L	和 / 或
慢性 NOEC 或 ECx（藻类或其他水生植物）	≤ 0.1 mg/L	
慢性类别 2：		
慢性 NOEC 或 ECx（鱼类）	≤ 1 mg/L	和 / 或
慢性 NOEC 或 ECx（甲壳纲）	≤ 1 mg/L	和 / 或
慢性 NOEC 或 ECx（藻类或其他水生植物）	≤ 1 mg/L	

（2）已掌握充分的慢性毒性数据的可快速降解的物质		
慢性类别 1：		
慢性 NOEC 或 ECx（鱼类）	≤ 0.01 mg/L	和 / 或
慢性 NOEC 或 ECx（甲壳纲）	≤ 0.01 mg/L	和 / 或
慢性 NOEC 或 ECx（藻类或其他水生植物）	≤ 0.01 mg/L	
慢性类别 2：		
慢性 NOEC 或 ECx（鱼类）	≤ 0.1 mg/L	和 / 或
慢性 NOEC 或 ECx（甲壳纲）	≤ 0.1 mg/L	和 / 或
慢性 NOEC 或 ECx（藻类或其他水生植物）	≤ 0.1 mg/L	
慢性类别 3：		
慢性 NOEC 或 ECx（鱼类）	≤ 1 mg/L	和 / 或
慢性 NOEC 或 ECx（甲壳纲）	≤ 1 mg/L	和 / 或
慢性 NOEC 或 ECx（藻类或其他水生植物）	≤ 1 mg/L	

（3）未掌握充分慢性毒性数据的物质		
慢性类别1：		
96小时LC_{50}（鱼类）	≤ 1 mg/L	和/或
48小时EC_{50}（甲壳纲）	≤ 1 mg/L	和/或
72或96小时ErC_{50}（藻类或其他水生植物）	≤ 1 mg/L	
且该物质不能快速降解，和/或试验确定的BCF ≥ 500（在无试验结果的情况下，log Kow ≥ 4）		
慢性类别2：		
96小时LC_{50}（鱼类）	>1 mg/L 且 ≤ 10 mg/L	和/或
48小时EC_{50}（甲壳纲）	>1 mg/L 且 ≤ 10 mg/L	和/或
72或96小时ErC_{50}（藻类或其他水生植物）	>1 mg/L 且 ≤ 10 mg/L	
且该物质不能快速降解，和/或试验确定的BCF ≥ 500（在无试验结果的情况下，log Kow ≥ 4）		
慢性类别3：		
96小时LC_{50}（鱼类）	>10mg/L 且 ≤ 100 mg/L	和/或
48小时EC_{50}（甲壳纲）	>10mg/L 且 ≤ 100 mg/L	和/或
72或96小时ErC_{50}（藻类或其他水生植物）	>10mg/ 且 ≤ 100mg/L	
且该物质不能快速降解，和/或试验确定的BCF ≥ 500（在无试验结果的情况下，log Kow ≥ 4）		

附录2

水环境质量标准

附表 2-1 《地下水质量标准》(GB/T14848—2017) 中污染物清单

序号	化学物质	I类限值	II类限值	III类限值	IV类限值	V类限值
1	铍（mg/L）	0.000 1	0.000 1	0.002	0.06	>0.06
2	硼（mg/L）	0.02	1	0.5	2	>2
3	锑（mg/L）	0.000 1	0.000 5	0.005	0.01	>0.01
4	钡（mg/L）	0.01	0.1	0.7	4	>4
5	镍（mg/L）	0.002	0.002	0.02	0.1	>0.1
6	钴（mg/L）	0.005	0.005	0.05	0.1	>0.1
7	钼（mg/L）	0.001	0.01	0.07	0.15	>0.15
8	银（mg/L）	0.001	0.01	0.05	0.1	>0.1
9	铊（mg/L）	0.000 1	0.000 1	0.000 1	0.001	>0.001
10	二氯甲烷（μg/L）	1	2	20	500	>500
11	1,2-二氯乙烷（μg/L）	0.5	3	30	40	>40
12	1,1,1-三氯乙烷（μg/L）	0.5	400	2 000	4 000	>4 000
13	1,1,2-三氯乙烷（μg/L）	0.5	0.5	5	60	>60
14	1,2-二氯丙烷（μg/L）	0.5	0.5	5	60	>60
15	三溴甲烷（μg/L）	0.5	10	100	800	>800
16	氯乙烯（μg/L）	0.5	0.5	5	90	>9
17	1,1-二氯乙烯（μg/L）	0.5	3	30	60	>60
18	1,2-二氯乙烯（μg/L）	0.5	5	50	60	>60
19	三氯乙烯（μg/L）	0.5	7	70	210	>210
20	四氯乙烯（μg/L）	0.5	4	40	300	>300
21	氯苯（μg/L）	0.5	60	300	600	>600

序号	化学物质	Ⅰ类限值	Ⅱ类限值	Ⅲ类限值	Ⅳ类限值	Ⅴ类限值
22	邻二氯苯（μg/L）	0.5	200	1 000	2 000	>2 000
23	对二氯苯（μg/L）	0.5	30	300	600	>600
24	三氯苯（总量）（μg/L）	0.5	4	20	180	>180
25	乙苯（μg/L）	0.5	30	300	600	>600
26	二甲苯（总量）（μg/L）	0.5	100	500	1 000	>1 000
27	苯乙烯（μg/L）	0.5	2	20	40	>40
28	2,4-二硝基甲苯（μg/L）	0.1	0.5	5	60	>60
29	2,6-二硝基甲苯（μg/L）	0.1	0.5	5	30	>30
30	萘（μg/L）	1	10	100	600	>600
31	蒽（μg/L）	1	360	1 800	3 600	>3 600
32	荧蒽（μg/L）	1	50	240	480	>480
33	苯并荧蒽（μg/L）	0.1	0.4	4	8	>8
34	苯并芘（μg/L）	0.002	0.002	0.01	0.5	>0.5
35	多氯联苯（总量）（μg/L）	0.05	0.05	0.5	10	>10
36	邻苯二甲酸二(2-乙基己基)酯（μg/L）	3	3	8	300	>300
37	2,4,6-三氯酚（μg/L）	0.05	20	200	300	>300
38	五氯酚（μg/L）	0.05	0.9	9	18	>18
39	六六六（总量）（μg/L）	0.01	0.5	5	300	>300
40	r-HCH（μg/L）	0.01	0.2	2	150	>150
41	滴滴涕（总量）（μg/L）	0.01	0.1	1	2	>2
42	六氯苯（μg/L）	0.01	0.1	1	2	>2
43	七氯	0.01	0.04	0.4	0.8	>0.8
44	2,4-滴（μg/L）	0.1	6	30	150	>150
45	克百威（μg/L）	0.05	1.4	7	14	>14
46	涕灭威（μg/L）	0.05	0.6	3	30	>30

（续表）

序号	化学物质	I 类限值	II 类限值	III 类限值	IV 类限值	V 类限值
47	敌敌畏（μg/L）	0.05	0.1	1	2	>2
48	甲基对硫磷（μg/L）	0.05	4	20	40	>40
49	马拉硫磷（μg/L）	0.05	25	250	500	>500
50	乐果（μg/L）	0.05	16	80	160	>160
51	毒死蜱（μg/L）	0.05	6	30	60	>60
52	百菌清（μg/L）	0.05	1	10	150	>150
53	莠去津（μg/L）	0.05	0.4	2	600	>600
54	草甘膦（μg/L）	0.1	140	700	1 400	>1 400

附表 2-2　《地表水环境质量标准》(GB/T3838—2002) 中污染物清单

序号	化学物质	标准限值（mg/L）
1	三氯甲烷	0.06
2	四氯化碳	0.002
3	三溴甲烷	0.1
4	二氯甲烷	0.02
5	1,2-二氯乙烷	0.03
6	环氧氯丙烷	0.02
7	氯乙烯	0.005
8	1,1-二氯乙烯	0.03
9	1,2-二氯乙烯	0.05
10	三氯乙烯	0.07
11	四氯乙烯	0.04
12	氯丁二烯	0.002
13	六氯丁二烯	0.006
14	苯乙烯	0.02
15	甲醛	0.9
16	乙醛	0.05
17	丙烯醛	0.1
18	三氯乙醛	0.01
19	苯	0.01
20	甲苯	0.7
21	乙苯	0.3
22	二甲苯	0.5

序号	化学物质	标准限值（mg/L）
23	异丙苯	0.25
24	氯苯	0.3
25	1,2-二氯苯	1
26	1,4-二氯苯	0.3
27	三氯苯	0.02
28	四氯苯	0.02
29	六氯苯	0.05
30	硝基苯	0.017
31	二硝基苯	0.5
32	2,4-二硝基甲苯	0.000 3
33	2,4,6-三硝基甲苯	0.5
34	硝基氯苯	0.05
35	2,4-二硝基氯苯	0.5
36	2,4-一氯苯酚	0.093
37	2,4,6-三氯苯酚	0.2
38	五氯酚	0.009
39	苯胺	0.1
40	联苯胺	0.000 2
41	丙烯酰胺	0.000 5
42	丙烯腈	0.1
43	邻苯二甲酸二丁酯	0.003
44	邻苯二甲酸二(2-乙基己基)酯	0.008
45	水合肼	0.01
46	四乙基铅	0.000 1
47	吡啶	0.2
48	松节油	0.2
49	苦味酸	0.5
50	丁基黄原酸	0.005
51	活性氯	0.01
52	滴滴涕	0.001
53	林丹	0.002
54	环氧七氯	0.000 2
55	对硫磷	0.003
56	甲基对硫磷	0.002
57	马拉硫磷	0.05

（续表）

序号	化学物质	标准限值（mg/L）
58	乐果	0.08
59	敌敌畏	0.05
60	敌百虫	0.05
61	内吸磷	0.03
62	百菌清	0.01
63	甲萘威	0.05
64	溴氰菊酯	0.02
65	阿特拉津	0.003
66	苯并 (a) 芘	2.8×10^{-6}
67	甲基汞	1.0×10^{-6}
68	多氯联苯	2.0×10^{-5}
69	微囊藻毒素－LR	0.001
70	黄磷	0.003
71	钼	0.07
72	钴	1
73	铍	0.002
74	硼	0.5
75	锑	0.005
76	镍	0.02
77	钡	0.7
78	钒	0.05
79	钛	0.1
80	铊	0.000 1

附表 2-3 《渔业水质标准》(GB/T 11607—1989) 中污染物清单

序号	化学物质	标准值（mg/L）
1	汞	0.000 5
2	镉	0.005
3	铅	0.05
4	铬	0.1
5	铜	0.01
6	锌	0.1
7	镍	0.05
8	砷	0.05

（续表）

序号	化学物质	标准值（mg/L）
9	氰化物	0.005
10	硫化物	0.2
11	氟化物	1
12	非离子氨	0.02
13	凯氏氨	0.05
14	挥发性酚	0.005
15	黄磷	0.001
16	石油类	0.05
17	丙烯氰	0.5
18	丙烯醛	0.02
19	六六六	0.002
20	滴滴涕	0.001
21	马拉硫磷	0.005
22	五氯酚钠	0.01
23	乐果	0.1
24	甲胺磷	1
25	甲基对硫磷	0.000 5
26	呋喃丹	0.01

附表 2-4 《生活饮用水卫生标准》(GB/T5749—2006) 中污染物清单

序号	化学物质	限值（mg/L）
1	锑	0.005
2	钡	0.7
3	铍	0.002
4	硼	0.5
5	钼	0.07
6	镍	0.02
7	银	0.05
8	铊	0.000 1
9	氯化氰	0.07
10	一氯二溴甲烷	0.1
11	二氯一溴甲烷	0.06
12	二氯乙酸	0.05
13	1,2-二氯乙烷	0.03

（续表）

序号	化学物质	限值（mg/L）
14	二氯乙烷	0.02
15	三卤甲烷	实测浓度与限值比不超过 1
16	1,1,1- 三氯乙烷	2
17	三氯乙酸	0.1
18	三氯乙醛	0.01
19	2,4,6- 三氯酚	0.2
20	三溴甲烷	0.1
21	七氯	0.000 4
22	马拉硫磷	0.25
23	五氯酚	0.009
24	六六六	0.005
25	六氯苯	0.001
26	乐果	0.08
27	对硫磷	0.003
28	灭草松	0.3
29	甲基对硫磷	0.02
30	百菌清	0.01
31	呋喃丹	0.007
32	林丹	0.002
33	毒死蜱	0.03
34	草甘膦	0.7
35	敌敌畏	0.001
36	莠去津	0.002
37	溴氰菊酯	0.02
38	2,4- 滴	0.03
39	滴滴涕	0.001
40	乙苯	0.3
41	二甲苯	0.5
42	1,1- 二氯乙烯	0.03
43	1,2- 二氯乙烯	0.05
44	1,2- 二氯苯	1
45	1,4- 二氯苯	0.3
46	三氯乙烯	0.07
47	三氯苯	0.02
48	六氯丁二烯	0.000 6

（续表）

序号	化学物质	限值（mg/L）
49	丙烯酰胺	0.000 5
50	四氯乙烯	0.04
51	甲苯	0.7
52	邻苯二甲酸 (2- 乙基) 己酯	0.008
53	环氧氯丙烷	0.000 4
54	苯	0.01
55	苯乙烯	0.02
56	苯并 (a) 芘	0.000 01
57	氯乙烯	0.005
58	氯苯	0.3
59	微囊藻毒素	0.001

附表 2-5 《海水水质标准》(GB 3097—1997) 中污染物清单

序号	化学物质	第一类	第二类	第三类	第四类
1	汞≤（mg/L）	0.000 05	0.000 2		0.000 5
2	镉≤（mg/L）	0.001	0.005	0.01	
3	铅≤（mg/L）	0.001	0.005	0.01	0.05
4	六价铬≤（mg/L）	0.005	0.01	0.02	0.05
5	总铬≤（mg/L）	0.05	0.1	0.2	0.5
6	砷≤（mg/L）	0.02	0.03	0.05	
7	铜≤（mg/L）	0.005	0.01	0.05	
8	锌≤（mg/L）	0.02	0.05	0.1	0.5
9	硒≤（mg/L）	0.01	0.02		0.05
10	镍≤（mg/L）	0.005	0.01	0.02	0.05
11	氰化物≤（mg/L）	0.005		0.1	0.2
12	硫化物≤（以硫计）（mg/L）	0.02	0.05	0.1	0.25
13	挥发性酚≤（mg/L）	0.005		0.01	0.05
14	石油类≤（mg/L）	0.05		0.3	0.5
15	六六六≤（mg/L）	0.001	0.002	0.003	0.005
16	滴滴涕≤（mg/L）	0.000 05	0.000 1		
17	马拉硫磷≤（mg/L）	0.000 5	0.001		
18	甲基对硫磷≤（mg/L）	0.000 5	0.001		
19	苯并（a）芘≤（μg/L）	0.002 5			

附录 3
美国和欧盟水环境污染名录

附表 3-1 《美国水环境优先污染物名录》

编号	CAS 号	英文名称	中文名称
1	83-32-9	Acenaphthene	1,2-二氢苊
2	107-02-8	Acrolein	丙烯醛
3	107-13-1	Acrylonitrile	丙烯腈
4	71-43-2	Benzene	苯
5	92-87-5	Benzidine	对二氨基联苯
6	56-23-5	Carbon tetrachloride	四氯化碳
7	108-90-7	Chlorobenzene	氯苯
8	120-82-1	1,2,4-trichlorobenzene	1,2,4-三氯苯
9	118-74-1	Hexachlorobenzene	六氯苯
10	107-06-2	1,2-dichloroethane	1,2-二氯乙烷
11	2747-58-2	1,1,1-trichloreothane	1,1,1-三氯乙烷
12	67-72-1	Hexachloroethane	六氯乙烷
13	75-34-3	1,1-dichloroethane	1,1-二氯乙烷
14	79-00-5	1,1,2-trichloroethane	1,1,2-三氯乙烷
15	79-34-5	1,1,2,2-tetrachloroethane	1,1,2,2-四氯乙烷
16	75-00-3	Chloroethane	氯乙烷
17	111-44-4	Bis(2-chloroethyl) ether	双(2-氯乙基)醚
18	110-75-8	2-chloroethyl vinyl ethers	(2-氯乙基)乙烯醚
19	91-58-7	2-chloronaphthalene	2-氯化萘

（续表）

编号	CAS 号	英文名称	中文名称
20	88-06-2	2,4,6-trichlorophenol	2,4,6- 三氯苯酚
21	59-50-7	Parachlorometa cresol	4- 氯 -3- 甲基苯酚
22	67-66-3	Chloroform	三氯甲烷
23	95-57-8	2-chlorophenol	2- 氯苯酚
24	95-50-1	1,2-dichlorobenzene	1,2- 二氯苯
25	541-73-1	1,3-dichlorobenzene	1,3- 二氯苯
26	106-46-7	1,4-dichlorobenzene	1,4- 二氯苯
27	91-94-1	3,3′- 二氯联苯胺	3,3′- 二氯联苯胺
28	75-35-4	1,1-dichloroethylene	1,1- 二氯乙烯
29	156-60-5	1,2-trans-dichloroethylene	反式 -1,2- 二氯乙烯
30	120-83-2	2,4-dichlorophenol	2,4- 二氯苯酚
31	78-87-5	1,2-dichloropropane	1,2- 二氯丙烷
32	563-54-2	1,3-dichloropropylene	1,3- 二氯丙烯
33	105-67-9	2,4-dimethylphenol	2,4- 二甲基苯酚
34	121-14-2	2,4-dinitrotoluene	2,4- 二硝基甲苯
35	606-20-2	2,6-dinitrotoluene	2,6- 二硝基甲苯
36	122-66-7	1,2-diphenylhydrazine	1,2- 二苯基肼
37	100-41-4	Ethylbenzene	乙苯
38	206-44-0	Fluoranthene	荧蒽
39	7005-72-3	4-chlorophenyl phenyl ether	4- 氯二苯醚
40	101-55-3	4-bromophenyl phenyl ether	4- 溴二苯醚
41	39638-32-9	Bis(2-chloroisopropyl) ether	双 (2- 氯代异丙基) 醚
42	111-91-1	Bis(2-chloroethoxy) methane	双 (2- 氯代乙氧基) 甲烷
43	75-09-2	Methylene chloride	二氯甲烷
44	74-87-3	Methyl chloride	一氯甲烷
45	74-83-9	Methyl bromide	溴甲烷
46	75-25-2	Bromoform	三溴甲烷

（续表）

编号	CAS 号	英文名称	中文名称
47	75-27-4	Dichlorobromomethane	二氯溴甲烷
48	124-48-1	Chlorodibromomethane	一氯二溴甲烷
49	87-68-3	Hexachlorobutadiene	六氯 -1,3- 丁二烯
50	77-47-4	Hexachlorocyclopentadiene	六氯 -1,3- 环戊二烯
51	78-59-1	Isophorone	异佛尔酮
52	91-20-3	Naphthalene	萘
53	98-95-3	Nitrobenzene	硝基苯
54	88-75-5	2-nitrophenol	2- 硝基（苯）酚
55	100-02-7	4-nitrophenol	4- 硝基苯酚
56	51-28-5	2,4-dinitrophenol	2,4- 二硝基苯酚
57	534-52-1	4,6-dinitro-o-cresol	4,6- 二硝基邻甲酚
58	62-75-9	N-nitrosodimethylamine	N- 亚硝基二甲胺
59	86-30-6	N-nitrosodiphenylamine	N- 亚硝基二苯胺
60	621-64-7	N-nitrosodi-n-propylamine	N- 亚硝基二正丙胺
61	87-86-5	Pentachlorophenol	五氯苯酚
62	108-95-2	Phenol	苯酚
63	117-81-7	Bis(2-ethylhexyl) phthalate	邻苯二甲酸二（α- 乙基己酯）
64	85-68-7	Butyl benzyl phthalate	苯二甲酸苄丁酯
65	84-74-2	Di-N-Butyl Phthalate	邻苯二甲酸二丁酯
66	117-84-0	Di-n-octyl phthalate	邻苯二甲酸二辛酯
67	84-66-2	Diethyl Phthalate	邻苯二甲酸二乙酯
68	131-11-3	Dimethyl phthalate	邻苯二甲酸二甲酯
69	56-55-3	Benzo(a) anthracene	苯并 [a] 蒽
70	50-32-8	Benzo(a) pyrene	苯并 [a] 芘
71	205-99-2	Benzo(b) fluoranthene	苯并 [b] 萤蒽
72	207-08-9	Benzo(k) fluoranthene	苯并 [k] 萤蒽
73	218-01-9	Chrysene	屈

编号	CAS 号	英文名称	中文名称
74	208-96-8	Acenaphthylene	苊烯
75	120-12-7	Anthracene	蒽
76	191-24-2	Benzo(ghi) perylene	苯并 [g,h,i] 苝
77	86-73-7	Fluorene	芴
78	85-01-8	Phenanthrene	菲
79	53-70-3	Dibenzo(,h) anthracene	二苯并 [a,h] 蒽
80	193-39-5	Indeno (1,2,3-cd) pyrene	茚并 (1,2,3-cd) 芘
81	129-00-0	Pyrene	芘
82	127-18-4	Tetrachloroethylene	四氯乙烯
83	108-88-3	Toluene	甲苯
84	79-01-6	Trichloroethylene	三氯乙烯
85	75-01-4	Vinyl chloride	氯乙烯
86	309-00-2	Aldrin	艾氏剂
87	60-57-1	Dieldrin	狄氏剂
88	57-74-9	Chlordane	氯丹
89	50-29-3	4,4-DDT	滴滴涕
90	72-55-9	4,4-DDE	滴滴伊
91	72-54-8	4,4-DDD	滴滴滴
92	959-98-8	Alpha-endosulfan	α - 硫丹
93	33213-65-9	Beta-endosulfan	β - 硫丹
94	1031-07-8	Endosulfan sulfate	硫丹硫酸酯
95	72-20-8	Endrin	异狄氏剂
96	7421-93-4	Endrin aldehyde	异狄氏醛
97	76-44-8	Heptachlor	七氯
98	1024-57-3	Heptachlor epoxide	环氧七氯
99	319-84-6	Alpha-BHC	α - 六氯环己烷
100	319-85-7	Beta-BHC	β - 六氯环己烷
101	58-89-9	Gamma-BHC	γ - 六氯环己烷

（续表）

编号	CAS 号	英文名称	中文名称
102	319-86-8	Delta-BHC	δ - 六氯环己烷
103	53469-21-9	PCB-1242 (Arochlor 1242)	甲基乙酯 -1242
104	11097-69-1	PCB-1254 (Arochlor 1254)	甲基乙酯 -1254
105	11104-28-2	PCB-1221 (Arochlor 1221)	甲基乙酯 -1221
106	11141-16-5	PCB-1232 (Arochlor 1232)	甲基乙酯 -1232
107	12672-29-6	PCB-1248 (Arochlor 1248)	甲基乙酯 -1248
108	11096-82-5	PCB-1260 (Arochlor 1260)	甲基乙酯 -1260
109	12674-11-2	PCB-1016 (Arochlor 1016)	甲基乙酯 -1016
110	8001-35-2	Toxaphene	毒杀芬
111	7440-36-0	Antimony	锑
112	7440-38-2	Arsenic	砷
113	1332-21-4	Asbestos	石棉
114	7440-41-7	Beryllium	铍
115	7440-43-9	Cadmium	镉
116	7440-47-3	Chromium	铬
117	7440-50-8	Copper	铜
118	57-12-5	Cyanide, Total	氰化物
119	7439-92-1	Lead	铅
120	7439-97-6	Mercury	汞
121	7440-02-0	Nickel	镍
122	7782-49-2	Selenium	硒
123	7440-22-4	Silver	银
124	7440-28-0	Thallium	铊
125	7440-66-6	Zinc	锌
126	1746-01-6	2,3,7,8-TCDD	2,3,7,8- 四氯二苯并对二噁英

附表 3-2 《欧盟水环境优先物质名录》

编号	CAS 号	英文名称
1	15972-60-8	Alachlor
2	120-12-7	Anthracene
3	1912-24-9	Atrazine
4	71-43-2	Benzene
5	not applicable	Brominated diphenylethers
6	7440-43-9	Cadmium and its compounds
7	85535-84-8	Chloroalkanes, C10-13
8	470-90-6	Chlorfenvinphos
9	2921-88-2	Chlorpyrifos (Chlorpyrifos-ethyl)
10	107-06-2	1,2-Dichloroethane
11	75-09-2	Dichloromethane
12	117-81-7	Di(2-ethylhexyl)phthalate (DEHP)
13	330-54-1	Diuron
14	115-29-7	Endosulfan
15	206-44-0	Fluoranthene
16	118-74-1	Hexachlorobenzene
17	87-68-3	Hexachlorobutadiene
18	608-73-1	Hexachlorocyclohexane
19	34123-59-6	Isoproturon
20	7439-92-1	Lead and its compounds
21	7439-97-6	Mercury and its compounds
22	91-20-3	Naphthalene
23	7440-02-0	Nickel and its compounds
24	not applicable	Nonylphenols
25	1806-26-4	Octylphenol
	140-66-9	isomer 4-(1,1',3,3'-tetramethylbutyl)-phenol
26	608-93-5	Pentachlorobenzene

（续表）

编号	CAS 号	英文名称
27	87-86-5	Pentachlorophenol
28	not applicable	Polyaromatic hydrocarbons (PAH)
	50-32-8	(Benzo(a)pyrene)
	205-99-2	(Benzo(b)fluoranthene)
	191-24-2	(Benzo(g,h,i)perylene)
	207-08-9	(Benzo(k)fluoranthene)
	193-39-5	(Indeno(1,2,3-cd)pyrene)
29	122-34-9	Simazine
30	not applicable	Tributyltin compounds
31	12002-48-1	Trichlorobenzenes
32	67-66-3	Trichloromethane (Chloroform)
33	1582-09-8	Trifluralin
34	115-32-2	Dicofol
35	1763-23-1	Perfluorooctane sulfonic acid and its derivatives (PFOS)
36	124495-18-7	Quinoxyfen
37	not applicable	Dioxins and dioxin-like compounds
38	74070-46-5	Aclonifen
39	42576-02-3	Bifenox
40	28159-98-0	Cybutryne
41	52315-07-8	Cypermethrin (10)
42	62-73-7	Dichlorvos
43	not applicable	Hexabromocyclododecanes (HBCDD)
44	76-44-8/1024-57-3	Heptachlor and heptachlor epoxide
45	886-50-0	Terbutryn

附录 4

我国相关名录

附表 4-1 《优先控制化学品名录（第一批）》

编号	CAS 号	中文名称
1	120-82-1	1,2,4- 三氯苯
2	106-99-0	1,3- 丁二烯
3	81-15-2	5- 叔丁基 -2,4,6- 三硝基间二甲苯（二甲苯麝香）
4	27417-40-9	N,N'- 二甲苯基 - 对苯二胺
5	85535-84-8	短链氯化石蜡
	68920-70-7	
	71011-12-6	
	85536-22-7	
	85681-73-8	
	108171-26-2	
6	75-09-2	二氯甲烷
7	7440-43-9(镉)	镉及镉化合物
8	7439-97-6(汞)	汞及汞化合物
9	50-00-0	甲醛
10	—	六价铬化合物
11	77-47-4	六氯代 -1,3- 环戊二烯
12	25637-99-4	六溴环十二烷
	3194-55-6	

（续表）

编号	CAS 号	中文名称
12	134237-50-6	
	134237-51-7	
	134237-52-8	
13	91-20-3	萘
14	—	铅化合物
15	1763-23-1	全氟辛基磺酸及其盐类和全氟辛基磺酰氟
	307-35-7	
	2795-39-3	
	29457-72-5	
	29081-56-9	
	70225-14-8	
	56773-42-3	
	251099-16-8	
16	25154-52-3	壬基酚及壬基酚聚氧乙烯醚
	84852-15-3	
	9016-45-9	
17	67-66-3	三氯甲烷
18	79-01-6	三氯乙烯
19	7440-38-2(砷)	砷及砷化合物
20	1163-19-5	十溴二苯醚
21	127-18-4	四氯乙烯
22	75-07-0	乙醛

附表 4-2 《优先控制化学品名录（第二批）(征求意见稿)》

编号	CAS 号	中文名称
1	732-26-3	2,4,6- 三叔丁基苯酚
2	68937-41-7	异丙基化磷酸三苯酯
3	133-49-3	五氯苯硫酚

（续表）

编号	CAS 号	中文名称
4	50-32-8	苯并 [a] 芘
	120-12-7	蒽
	56-55-3	苯并 [a] 蒽
	205-99-2	苯并 [b] 荧蒽
	207-08-9	苯并 [k] 荧蒽
	218-01-9	苯并 [a] 菲
	53-70-3	二苯并 [a,h] 荧蒽
5	608-93-5	五氯苯
	118-74-1	六氯苯
	106-46-7	1,4- 二氯苯
6	—	氰化物
7	71-43-2	苯
8	108-88-3	甲苯
9	115-96-8	磷酸三 (2- 氯乙基) 酯
10	117-81-7	邻苯二甲酸二 (α - 乙基己基) 酯
	84-74-2	邻苯二甲酸二丁酯
	85-68-7	邻苯二甲酸丁苄酯
	84-69-5	邻苯二甲酸二异丁酯
11	78-87-5	1,2- 二氯丙烷
12	75-35-4	1,1- 二氯乙烯
13	121-14-2	2,4- 二硝基甲苯
14	95-53-4	邻甲苯胺
15	7440-28-0 （铊）	铊及其化合物
16	—	多氯二苯并对二噁英和多氯二苯并呋喃
17	335-67-1 （全氟辛酸）	全氟辛酸及其盐类和相关化合物

（续表）

编号	CAS 号	中文名称
18	87-68-3	六氯丁二烯
19	87-86-5	五氯苯酚及其盐类和酯类
	131-52-2	
	27735-64-4	
	3772-94-9	
	1825-21-4	